单片微机原理实验指导书

主　编　庄克玉
副主编　陈　为
朱桂新
张　典
曹荣生

中国石油大学出版社
CHINA UNIVERSITY OF PETROLEUM PRESS

图书在版编目(CIP)数据

单片微机原理实验指导书/庄克玉主编. —东营：中国石油大学出版社，2017.5

ISBN 978-7-5636-5571-7

Ⅰ.①单… Ⅱ.①庄… Ⅲ.①单片微型计算机—高等学校—教材 Ⅳ.①TP368.1

中国版本图书馆 CIP 数据核字(2017)第 088798 号

书　　名：单片微机原理实验指导书
编　　者：庄克玉

责任编辑：魏　瑾(电话　0532—86983565)
封面设计：赵志勇

出 版 者：中国石油大学出版社
(地址：山东省青岛市黄岛区长江西路 66 号　邮编：266580)
网　　址：http://www.uppbook.com.cn
电子邮箱：weicbs@163. com
排 版 者：青岛汇英栋梁文化传媒有限公司
印 刷 者：青岛国彩印刷有限公司
发 行 者：中国石油大学出版社(电话　0532—86983565，86983437)
开　　本：185 mm×260 mm
印　　张：5.5
字　　数：141 千
版 印 次：2017 年 5 月第 1 版　2017 年 5 月第 1 次印刷
书　　号：ISBN 978-7-5636-5571-7
印　　数：1—2 000 册
定　　价：15.00 元

前 言

“单片微型机原理”是自动化、电气、机电、测控、电子技术及应用等专业的一门重要的基础课，是一门实践性很强的课程。为了加深学生对理论的掌握以及动手能力的提高，引进了 Dais-52 PRO＋实验装置，本书是其配套的实验指导用书。

单片微机技术作为计算机技术的一个重要分支，具有集成度高、开发简单、外设丰富、性价比高等优点，广泛应用在工业控制、智能仪表、家用电器等各个方面。Dais-52 PRO＋实验装置在电路设计上采用模块化结构，实验时通过导线将单片微机与外设模块进行连接，一方面加深学生对电路设计的理解，另一方面也增强学生的实际动手能力。此外，该实验装置也方便用于学生的课程设计以及实训操作。在软件开发上采用汇编语言和C语言两种编程方式，使学生既能掌握单片微机的基本工作原理，又能与实际应用相结合。开发环境是采用目前广泛应用的 Keil 集成开发环境。

本书共分 3 章：第 1 章介绍该实验装置的各个功能模块。第 2 章主要介绍 Keil 集成开发环境的应用，便于学生快速理解和掌握。第 3 章为程序实验，将单片微机的各个功能进行模块划分，分别用汇编语言和 C 语言给出参考程序，引导学生掌握单片微机的开发、调试。这些实验既包括基本I/O、定时器、中断等实验，也包括 PWM、LED、LCD、矩阵键盘等实际中广泛应用的程序模块实验，引导学生既能掌握基础，又能增强实际动手能力。

本书由庄克玉主编，陈为、朱桂新、张典、曹荣生担任副主编。在编写过程中，得到青岛科技大学自动化与电子工程学院院领导的大力支持，在此表示感谢，同时参考了有关的书籍和资料，对相关作者一并表示感谢。

编　者

2017 年 3 月

目 录

Contents

第1章 实验装置介绍 …… 1

1.1 装置特性 …… 1

1.2 功能划分及资源分配 …… 1

1.3 装置操作注意事项 …… 4

第2章 实验快速入门 …… 6

2.1 Keil C51 简介 …… 6

2.2 Keil C51 开发步骤 …… 6

第3章 51 单片机实验 …… 16

实验 1 数字量输入/输出实验 …… 16

实验 2 中断控制实验 …… 18

实验 3 定时/计数器实验 …… 22

实验 4 串行通信实验 …… 24

实验 5 8255 接口实验 …… 29

实验 6 串行存储器读/写实验 …… 42

实验 7 ADC0809 模/数转换实验 …… 55

实验 8 DAC0832 数/模转换实验 …… 59

实验 9 数字温度传感器实验 …… 62

实验 10　步进电机控制实验 …… 73
实验 11　直流电机控制实验 …… 75
实验 12　音频驱动实验 …… 77

第1章 实验装置介绍

1.1 装置特性

Dais-52 PRO＋装置是 Dais-PRO 系列教学实验装置，它全面支持有关 MCS-51 系列单片微机（以下简称单片机）原理的各项教学实验的开展，为单片机的实验教学提供了一个全开放、易开发、可拓展的实验教学环境。

该装置具有以下特性：

(1) 该装置具有集成仿真器，便于实验过程中的程序运行跟踪，同时配备 MCS-41 单片机，可在线下载程序，进行实际单片机系统的运行。

(2) 可在 Keil 集成开发环境下进行软件开发，支持 MCS-51 汇编语言和 C 语言的源程序级开发与调试。

(3) 该装置定义了一个标准的通用总线接口，可以支撑 MCS-51/96，PIC，AVR，ARM，MSP430 等其他 CPU 的软硬件的开发与设计。

(4) 该装置除了可进行基本的实验，帮助学生熟悉 MCS-51 系列单片机的基本功能之外，还集成了虚拟示波器等功能，便于学生进一步提升实际的动手操作能力。

(5) 采用模块化设计，便于功能的扩展。

1.2 功能划分及资源分配

1.2.1 系统的功能划分

系统的功能划分如图 1-1 所示。

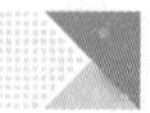

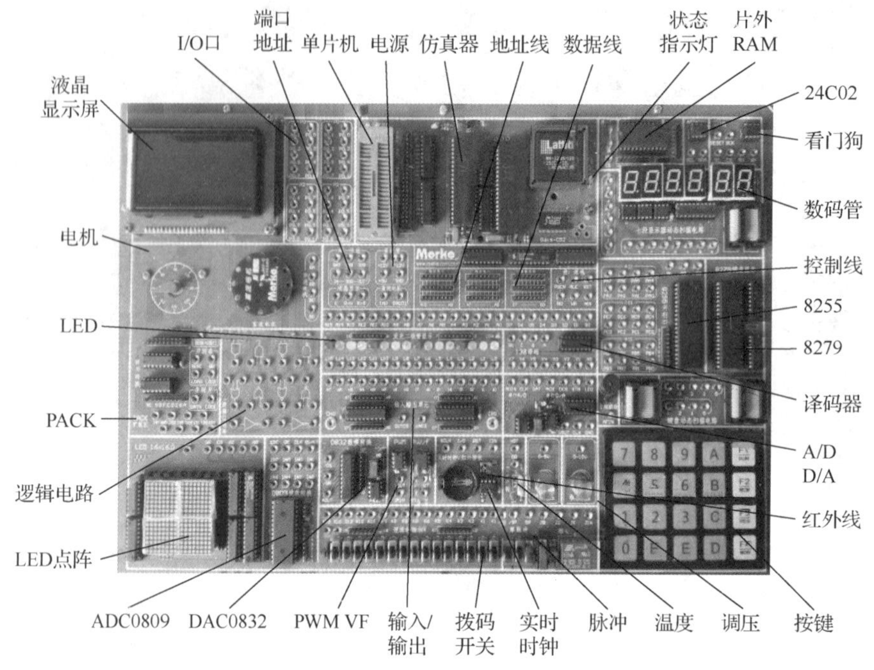

图 1-1　系统的功能划分

1.2.2　程序空间地址分配

程序空间的地址分配见表 1-1。

表 1-1　程序空间的地址分配

EA=0	EA=1	寻址目标
0000H～7FFFH	0000H～6FFFH	用户程序区
—	7000H～7FFFH	监控工作区
8000H～DFFFH	8000H～FFFFH	程序扩展区
E000H～FFFFH	—	监控工作区
—	P3.0,P3.1	串行下载口

说明：

(1) 监控工作区由仿真器定义，用户程序不可占用，但可与监控程序共享公共资源。

(2) 当 EA=1 时，P3.0，P3.1 作为与 PC 通信的串行调试接口，用户不可使用。

1.2.3　数据空间地址分配

数据空间的地址分配见表 1-2。

表1-2　数据空间的地址分配

地　址	寻址目标	说　明
0000H～02FFH	数据扩展区	由用户定义
0300H～03FFH	端口译码	可选性定义
0400H～FFEFH	数据扩展区	由用户定义
FFF0H～FFFFH	8279选通区	不可变定义

说明：

(1) 可选性定义仅为简化操作而设置,在舍弃的情况下该区域允许用户另行定义。

(2) 不可变定义是指由系统定义的公共资源,用户可以使用但不能更改其端口地址。

1.2.4　端口地址的译码及选通定义

端口地址的选通定义见表1-3。

表1-3　端口地址的选通定义

端口地址	功能说明	适用对象
300CS	低电平有效的片选控制信号	常规接口器件
300IN	带300译码选通的读控制信号	244缓冲输入
300OUT	带300译码选通的写控制信号	273锁存输出
320	低电平有效的片选控制信号	常规接口器件
360	在360译码选通的“读”或“写”周期输出高电平的控制信号	液晶显示模块
380	低电平有效的片选控制信号	常规接口器件

译码及选通控制的逻辑表达式描述如下：

!CS=!A15&!A14&!A13&!A12&!A11&!A10&A9&A8;

!X300=!CS&!A7&!A6&!A5;

!X320=!CS&!A7&!A6&A5;

!X380=!CS&A7&!A6&!A5;

!X300in=!X300&!RD;

!X300out=!X300&!WR;

X360=!CS&!A7&A6&A5&(!RD#!WR);

译码电路的原理图如图1-2所示。

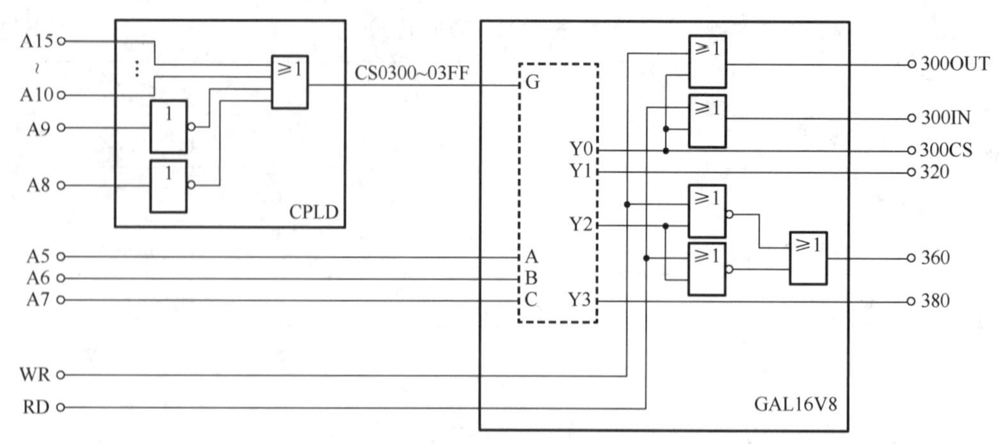

图 1-2　译码电路的原理图

1.2.5　控制信号的名称及说明

控制信号的名称及说明见表 1-4。

表 1-4　控制信号的名称及说明

控制信号	控制信号说明
RD	外部数据读控制信号，低电平有效
WR	外部数据写控制信号，低电平有效
PSEN	外部程序扩展选通信号，低电平有效
ALE	地址锁存控制信号，下降沿有效
RST/RESET	复位控制信号，高电平有效

1.2.6　其他模块的说明

后面在做每个模块的实验时，再对其他模块进行具体说明。

1.3　装置操作注意事项

1.3.1　电缆连接

（1）该装置使用 AC 220 V 电源，电缆插座在实验箱背面。

（2）电源开关在实验箱右侧，船形开关进行电源的通断控制。上电后，状态指示灯（见图 1-1）显示为绿色常亮。

1.3.2　系统状态指示

1. 初始待令状态

（1）在上电或复位后，状态指示灯呈绿色，表示系统初始化成功并进入联机待令状态。

（2）在上电或复位后，状态指示灯呈红色，表示系统初始化失败，应立即关机报修。

(3) 在上电或复位后，状态指示灯不发光，表示系统供电有误或初始化失败，应核实后重启或报修。

2. 程序运行状态

在装载用户程序并开始全速运行时，状态指示灯红绿双色闪烁，表示系统已进入运行状态。

第2章 实验快速入门

2.1 Keil C51 简介

51 单片机由于具有种类繁多、外设丰富、性价比高等优势，在国内一直占有重要的地位。各大公司在推出 51 内核单片机的同时，也推出了相应的集成开发软件，在众多的集成开发软件中，Keil C51 占有非常重要的位置。

Keil C51 是美国 Keil Software 公司推出的 51 系列兼容单片机软件开发系统。在该系统下不仅能开发汇编语言程序，而且能开发在功能、结构性、可读性、可维护性上有明显优势的 C 语言程序。Keil C51 易学易用，能提供丰富的库函数和功能强大的集成开发调试工具及全 Windows 界面，可以完成编辑、编译、连接、调试、仿真等整个开发流程，还可由仿真器直接对目标板进行调试，并可以直接写入程序存储器中。

2.2 Keil C51 开发步骤

2.2.1 Keil C51 的启动

双击桌面上的 Keil 图标，如图 2-1 所示。

图 2-1　Keil 图标

Keil C51 的启动界面和编辑界面分别如图 2-2 和图 2-3 所示。

图 2-2　Keil C51 的启动界面

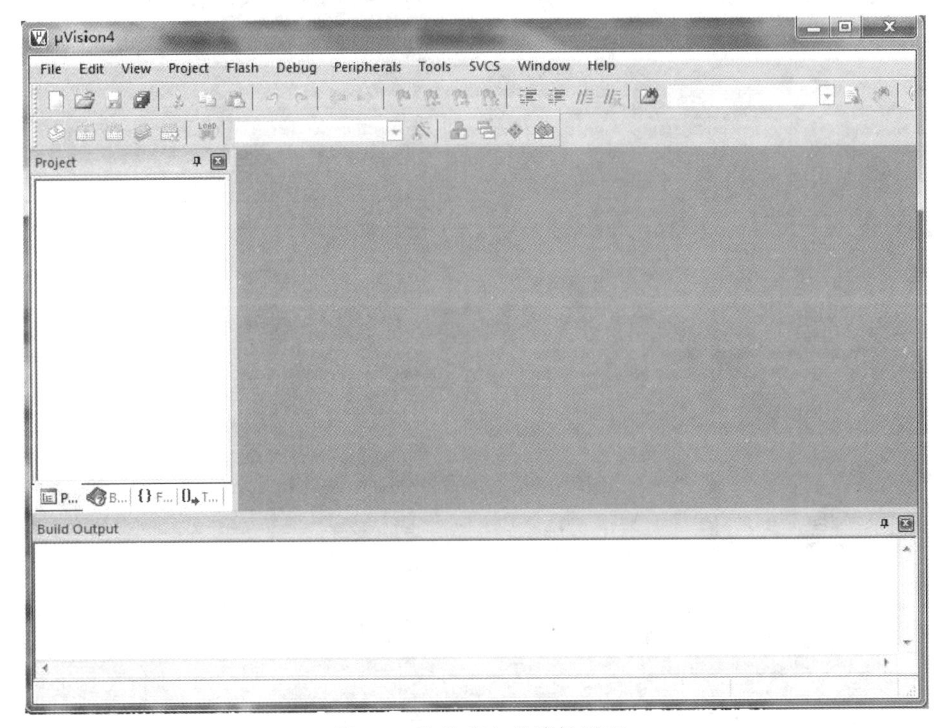

图 2-3　Keil C51 的编辑界面

2.2.2　简单程序的调试

(1) 建立一个新工程。单击"Project"菜单，在弹出的下拉菜单中选中"New µVision Project"选项，如图 2-4 所示。

(2) 在弹出的对话框中选择要保存的路径，输入工程文件的名字，比如保存到"E:\test"文件夹下，工程文件名为"test1"，如图 2-5 所示，然后单击"保存"按钮。

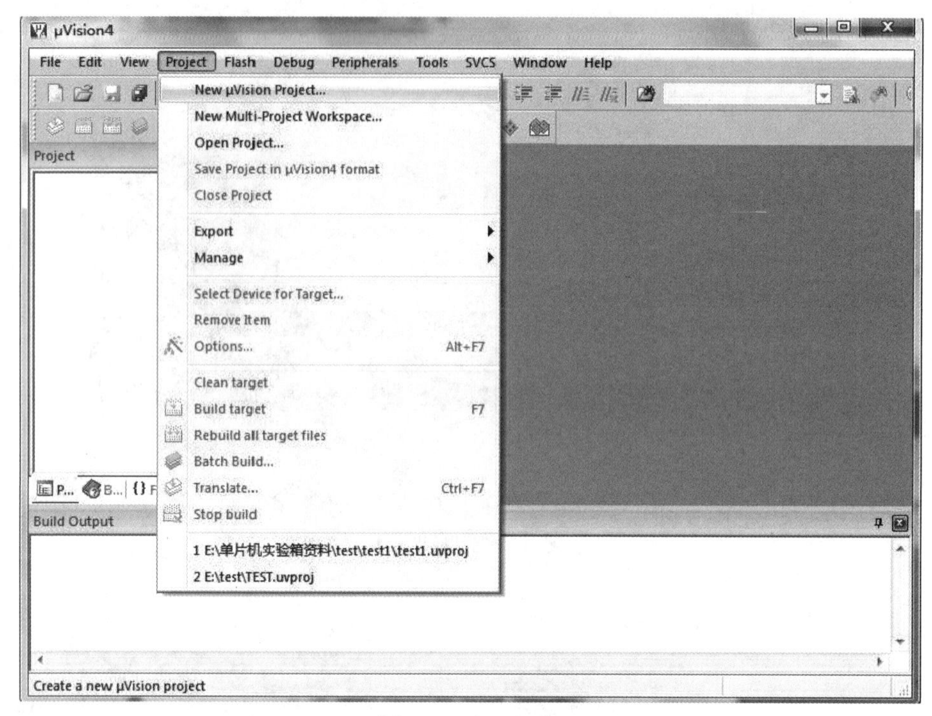

图 2-4 建立工程

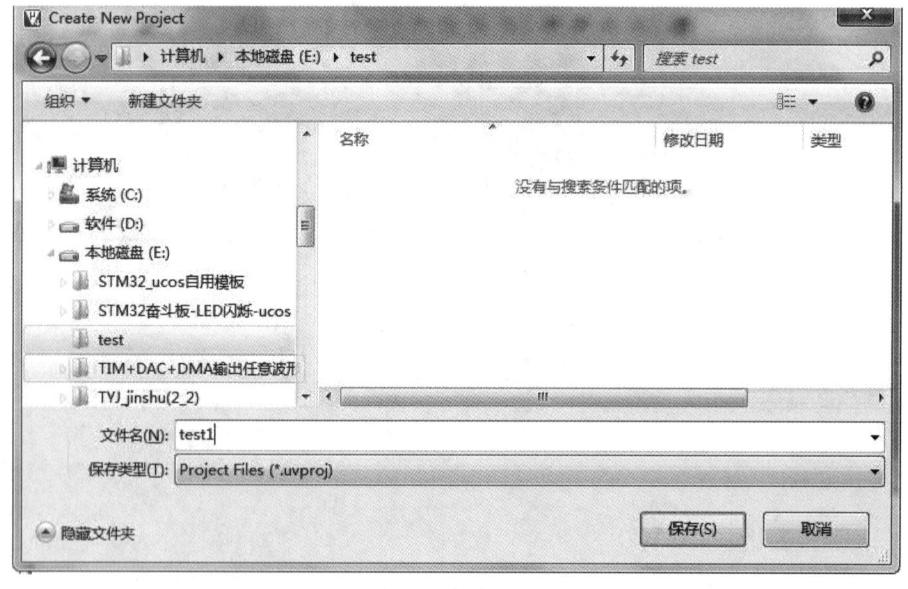

图 2-5 保存工程

(3) 这时会弹出一个选择芯片类型的对话框，从中选择单片机的型号。可以根据所使用的单片机来选择，Keil C51 几乎支持所有的 51 内核的单片机，在这里还是以大家用得比较多的 Atmel 公司的 AT89C51 为例进行说明。如图 2-6 所示，选择“AT89C51”之后，右边栏是对这个单片机的基本说明，然后单击“OK”按钮。

(4) 完成上一步骤后，会弹出图 2-7 所示的对话框。

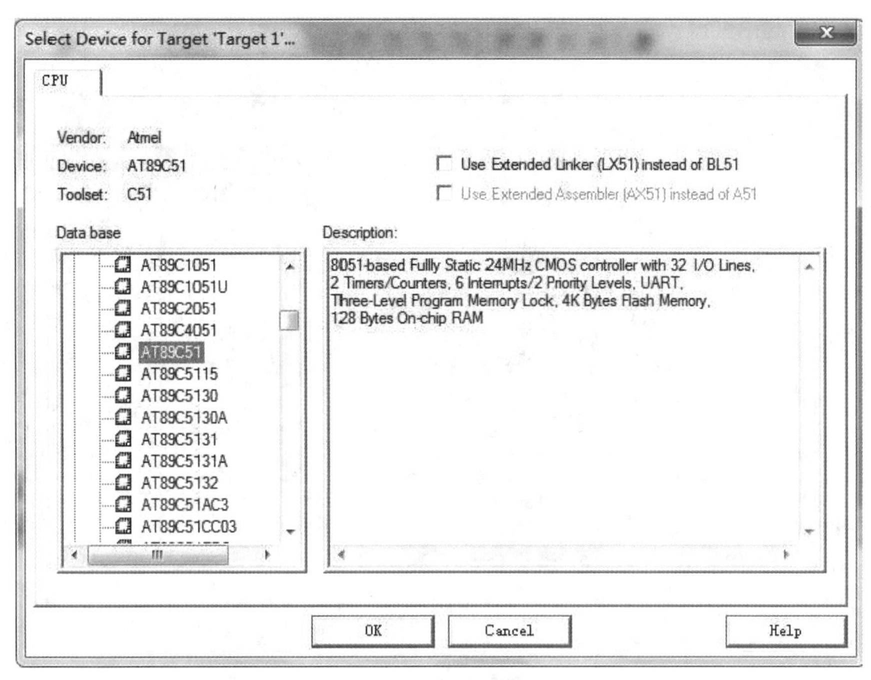

图 2-6 选择芯片类型

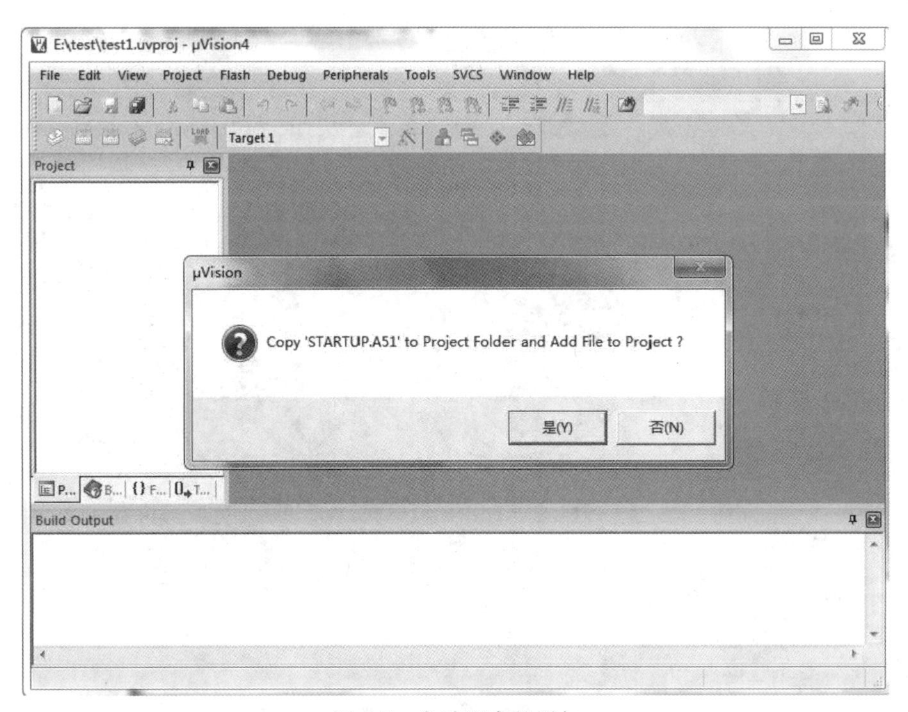

图 2-7 启动程序的添加

(5) 单击“否”按钮，出现图 2-8 所示的工程界面。

(6) 下面开始编写第一个程序。单击“File”菜单，再在下拉菜单中单击“New”选项，如图 2-9 所示。

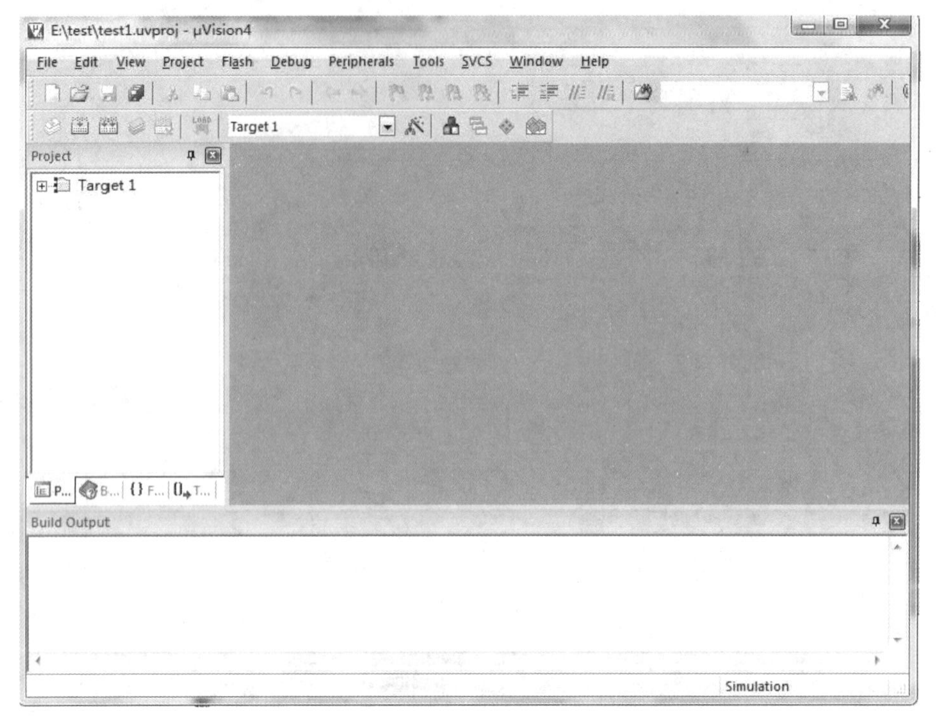

图 2-8　工程界面

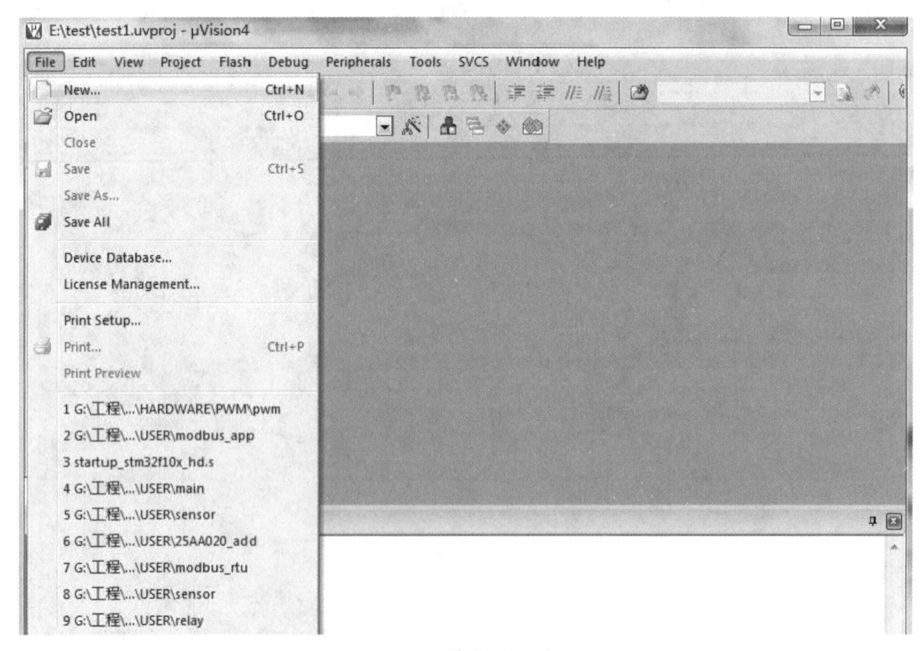

图 2-9　编辑源文件

(7) 此时光标在编辑界面中闪烁，这时可以键入应用源程序了。该程序可以是汇编语言程序，也可以是 C 语言程序。编写完成后，要进行保存。单击“File”菜单，在下拉菜单中选中“Save As”，弹出“Save As”对话框，必须键入正确的扩展名。如果用 C 语言编写程序，则扩展名为“.c”；如果用汇编语言编写程序，则扩展名必须为“.asm”，如图 2-10 所示。然后，单击“保存”按钮，将源程序保存到工程文件夹下。

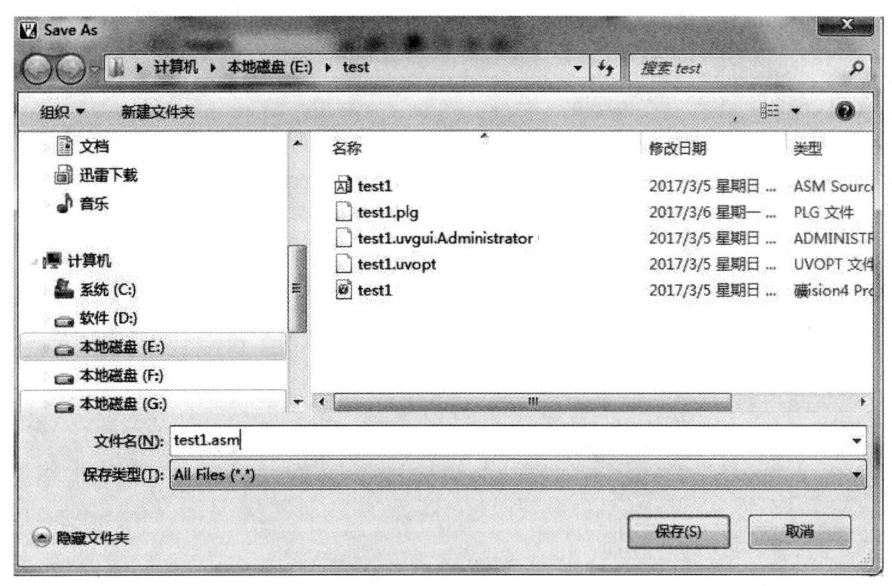

图 2-10　保存源文件

(8) 编辑好的源程序要添加到工程当中去。单击编辑界面中“Target 1”前面的“+”号，然后在“Source Group 1”上单击右键，弹出图 2-11 所示的菜单。

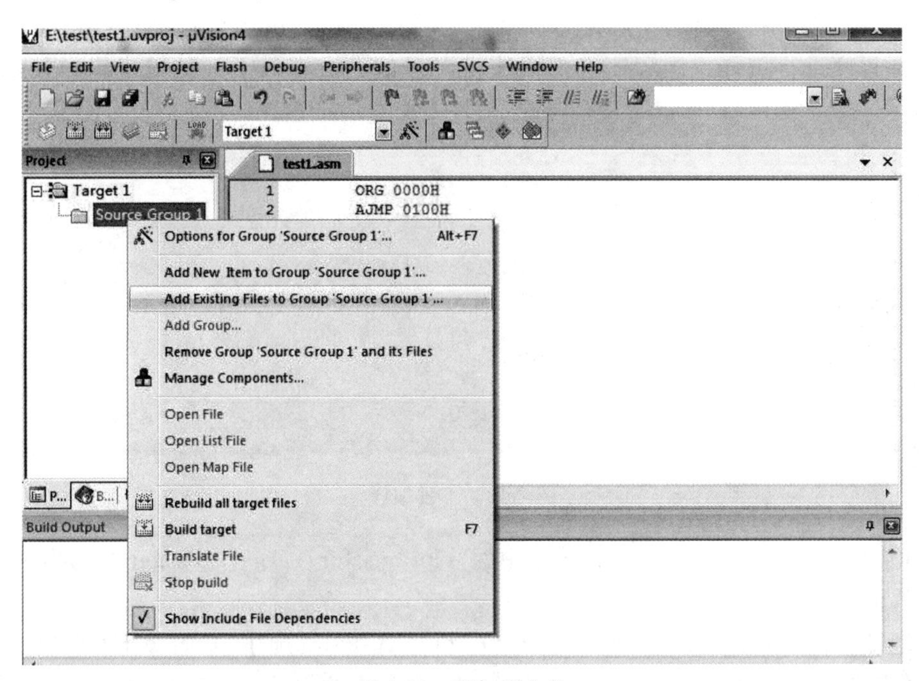

图 2-11　添加源文件

(9) 单击图 2-11 中的“Add Existing Files to Group ‘Source Group 1’”，添加到工程文件夹下。找到上面编辑的源程序，单击“Add”后，出现图 2-12 所示的界面。

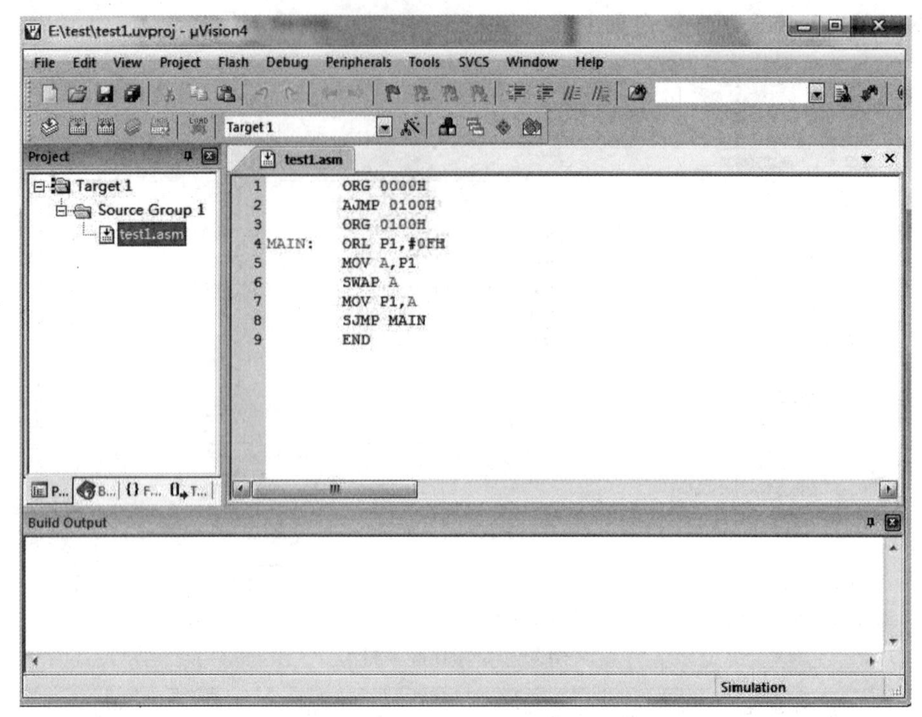

图 2-12　整个工程文件

(10) 单击“Project”菜单，再在下拉菜单中单击“Build target”选项(或者使用快捷键F7)，对源程序进行编译。源程序有无语法错误等信息会在最下面的输出栏中显示，如图2-13 所示。若有错误，根据提示进行修改，最终不要有语法错误。

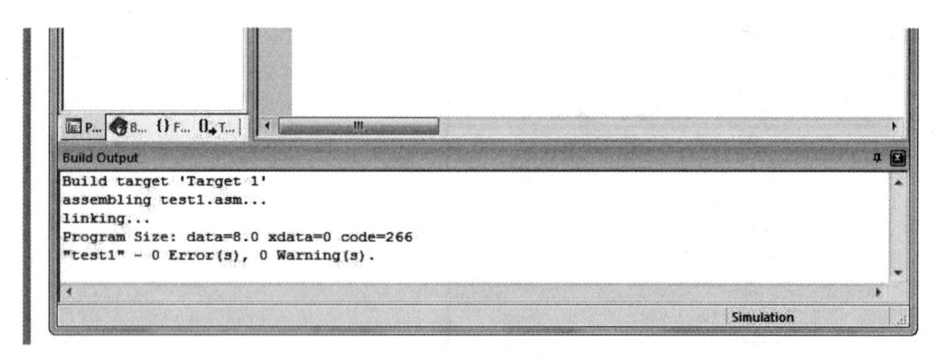

图 2-13　工程编译

(11) 单击出现在“Project”下拉菜单中的“Options for Target ‘Target 1’”，出现图 2-14 所示的界面。

(12) 在图 2-14 所示的界面上单击“Output”选项卡，选中“Create HEX File”，产生 HEX 格式的文件，以便利用烧写器进行烧写，如图 2-15 所示。

(13) 在图 2-14 所示的界面上单击“Debug”选项卡，然后按照图 2-16 所示进行设置。

(14) 单击图 2-16 中的“Settings”按钮，按照图 2-17 所示进行设置。

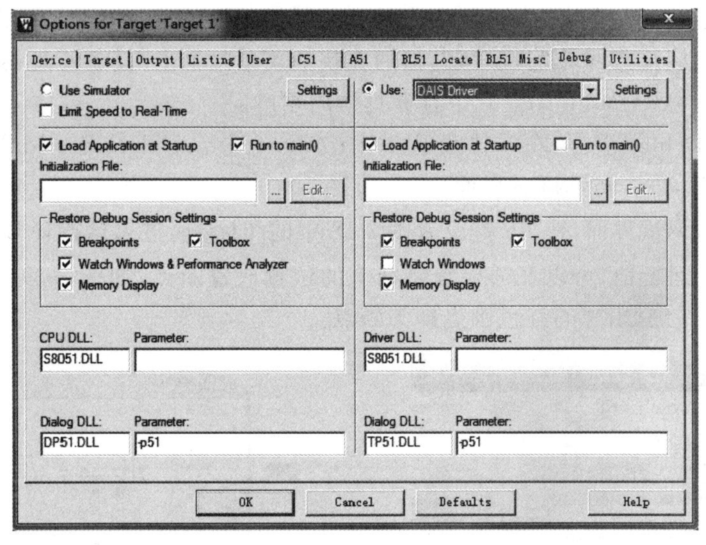

图 2-14　选择实验箱驱动

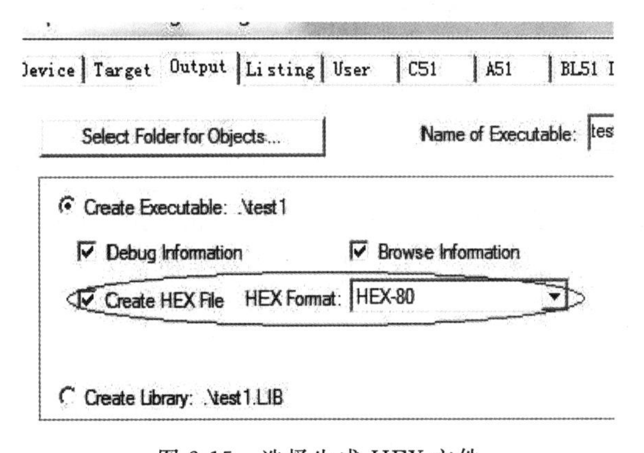

图 2-15　选择生成 HEX 文件

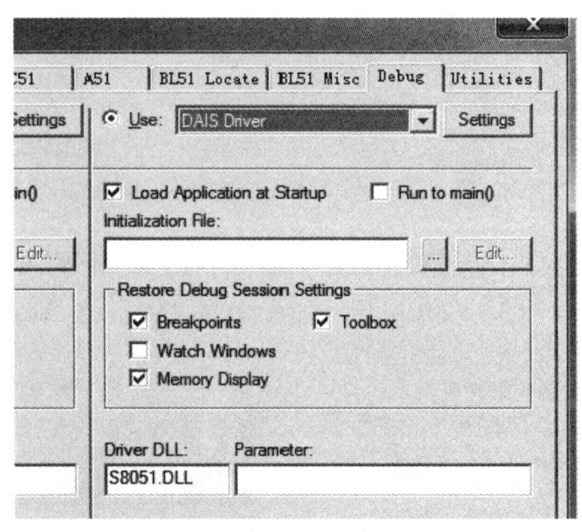

图 2-16　仿真设置

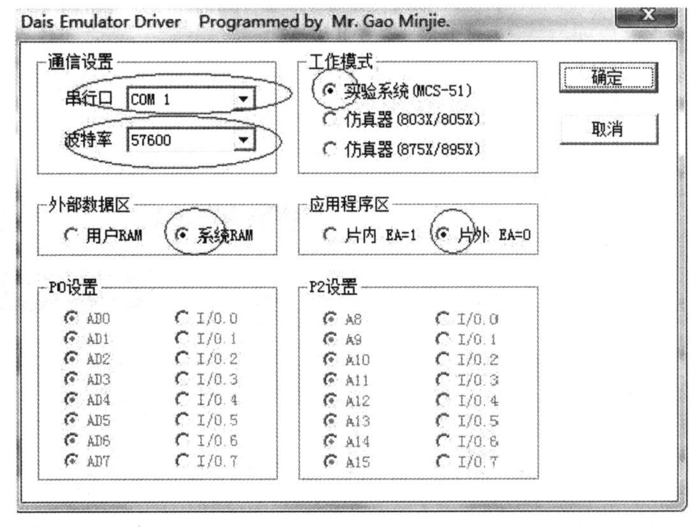

图 2-17　设置界面

要注意的是：串行口是 USB 虚拟出来的，不同的机器可能不一样，请按照所选机器的分配进行设置。方法：右键单击“计算机”，然后在快捷菜单中单击“设备管理器”，再在“设备管理器”窗口的“端口(COM 和 LPT)”中查看具体的端口。

(15) 单击“Debug”菜单，在下拉菜单中单击“Start/Stop Debug Session”选项(或者使用快捷键 Ctrl+F5)，进入仿真调试界面。

(16) 在仿真调试界面，按 F5 键或者图 2-18 中的图标，进入运行环节。

(17) 在全速运行前，可以在需要查看结果的位置放置断点，如图 2-19 所示。在左侧灰色列处双击鼠标左键，出现的红色圆点即为断点。

图 2-18　程序全速运行

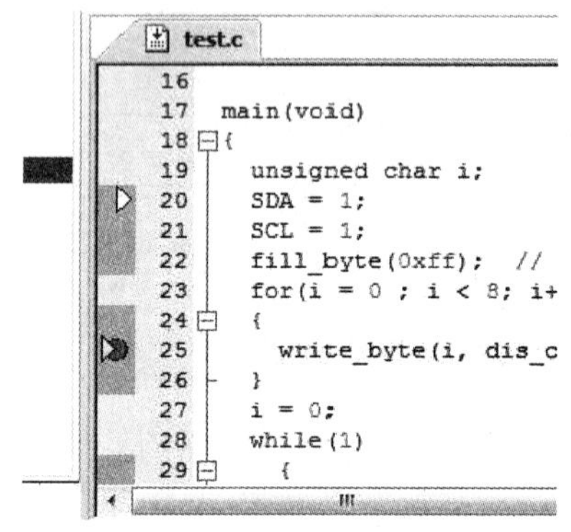

图 2-19　断点设置

(18) 程序运行到断点处，暂停，此时可以查看寄存器、内存、变量等的值，如图 2-20 所示。

(19) 单击图 2-20 中的“Watch Windows”，出现变量查看界面，如图 2-21 所示。

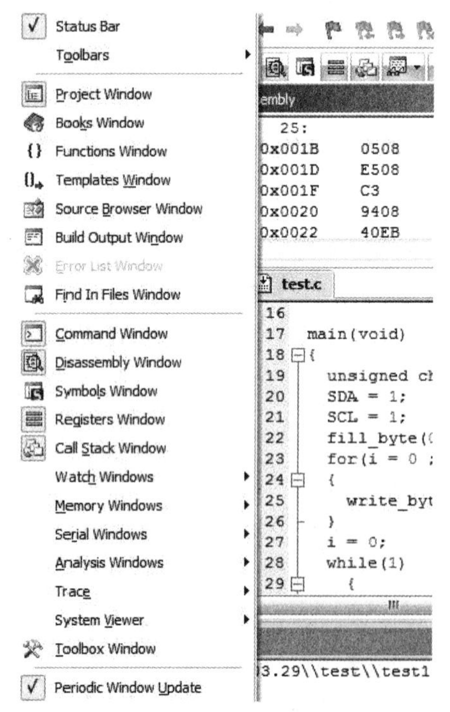

图 2-20　各种查看菜单项

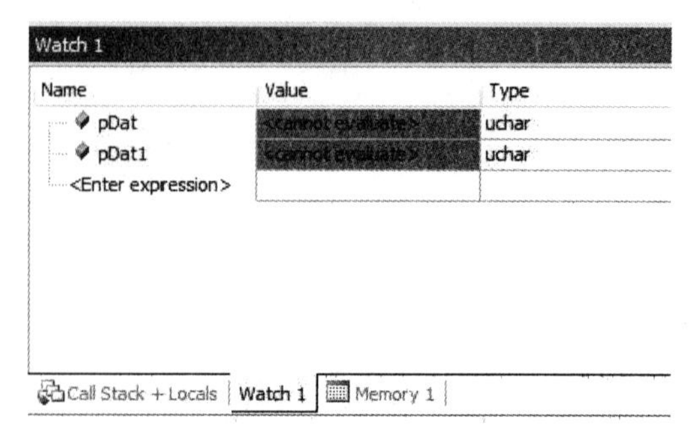

图 2-21　变量查看界面

(20) 单击图 2-20 中“Memory Windows”,出现存储器查看界面,如图 2-22 所示。

图 2-22 中“Address”文本框中常见的符号含义:d——直接寻址的片内 RAM;i——间接寻址的片内 RAM;x——扩展的片外 RAM;c——ROM;0x40——存储器的地址。

(21) 单击“Peripherals”菜单,出现图 2-23 所示的外设查看界面。在此界面中,可以查看中断、I/O、定时器等外设的运行情况。

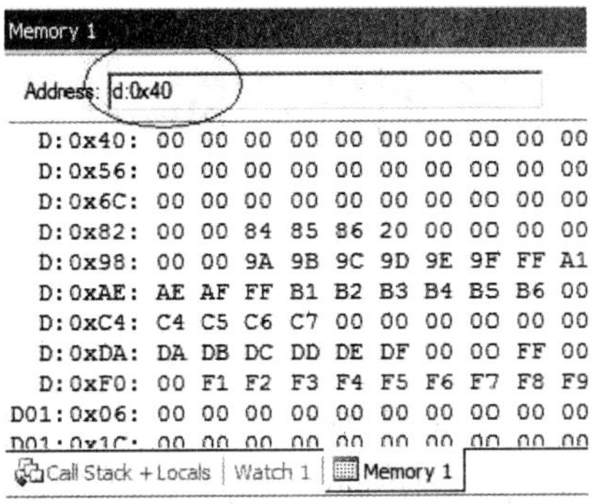

Memory 1
Address: d:0x40
D:0x40: 00 00 00 00 00 00 00 00 00 00
D:0x56: 00 00 00 00 00 00 00 00 00 00
D:0x6C: 00 00 00 00 00 00 00 00 00 00
D:0x82: 00 00 84 85 86 20 00 00 00 00
D:0x98: 00 00 9A 9B 9C 9D 9E 9F FF A1
D:0xAE: AE AF FF B1 B2 B3 B4 B5 B6 00
D:0xC4: C4 C5 C6 C7 00 00 00 00 00 00
D:0xDA: DA DB DC DD DE DF 00 00 FF 00
D:0xF0: 00 F1 F2 F3 F4 F5 F6 F7 F8 F9
D01:0x06: 00 00 00 00 00 00 00 00 00 00
Call Stack + Locals
Watch 1
Memory 1

图 2-22 存储器查看界面

Peripherals
Tools
SVCS
Window
Help
System Viewer
Interrupt
I/O-Ports
Serial
Timer
writ
INC
MOV
C:0x001F C3 CLR
C:0x0020 9408 SUBB

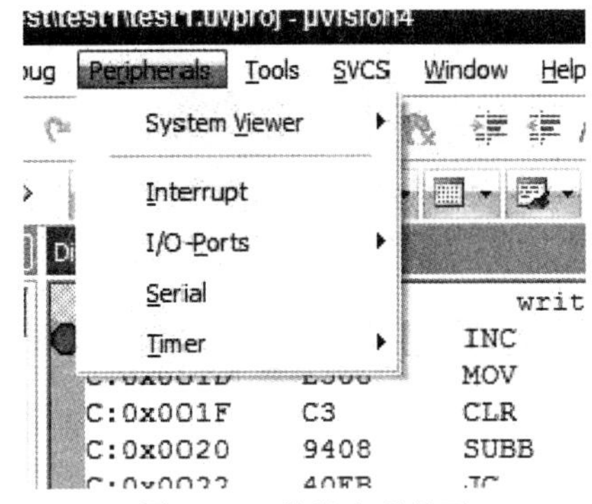

图 2-23 外设查看界面

第3章 51单片机实验

实验1 数字量输入/输出实验

3.1.1 实验目的

学习单片机I/O口的输入/输出操作。

3.1.2 实验设备

PC一台,Dais-52 PRO+实验系统一套。

3.1.3 实验内容及步骤

1. P1口I/O实验

(1) 实验原理。

P1口是8位准双向口,每一位均可独立定义为输入/输出。本实验将P1口的低4位定义为输入,高4位定义为输出,数字量从P1口的低4位输入,从P1口的高4位输出,控制发光二极管的亮与灭,输入与输出一一对应。

(2) 实验步骤。

① 将实验箱I/O区的P1.0～P1.3与拨码开关区的K0～K3按图3-1连线。

② 将实验箱I/O区的P1.4～P1.7与LED区的L0～L3按图3-1连线。

③ 编写程序,经编译、连接无语法错误后装载到实验系统。

④ 运行程序,拨动K0～K3,观察L0～L3的对应显示。

⑤ 实验完毕后,使用暂停命令中止程序的运行。

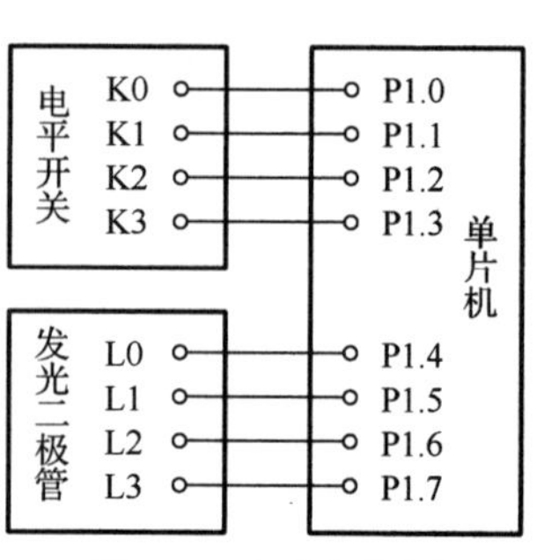

图3-1 实验接线图

(3) 参考程序。

① 汇编语言:

```
        ORG     0000H
        AJMP    0100H
        ORG     0100H
MAIN:   ORL     P1,#0FH          ;声明低4位为输入
        MOV     A,P1             ;读P1口状态
        SWAP    A                ;高低位交换
        MOV     P1,A             ;回送P1口
        SJMP    MAIN
        END
```

② C语言：

```
#include <reg51.h>
void main()
{
    unsigned char data i;
    while(1)
    {
        P1|=0x0F;                //读低4位
        i=P1<<4;                 //移至高4位
        P1=i&0xF0;               //写高4位
    }
}
```

2. P1口流水灯实验

(1) 实验原理。

P1口作为输出口，控制8位发光二极管作为流水灯显示。

(2) 实验步骤。

① 将实验箱I/O区的P1.0～P1.7与LED区的L0～L7按图3-2连线。

② 编写程序，经编译、连接无语法错误后装载到实验系统。

③ 运行程序，发光二极管L0～L7循环点亮。

④ 实验完毕后，应使用暂停命令中止程序的运行。

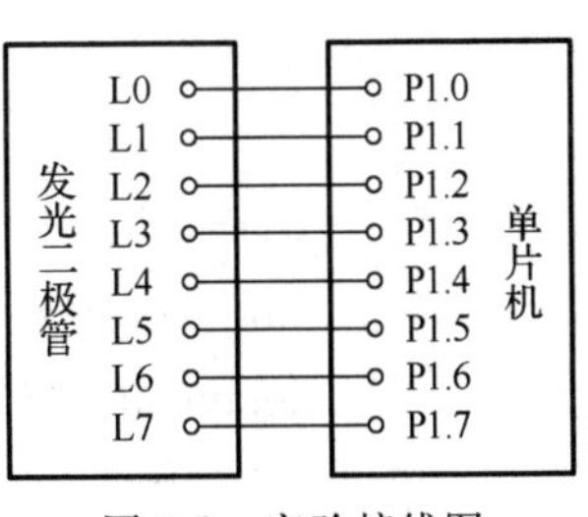

图3-2 实验接线图

(3) 参考程序。

① 汇编语言：

```
        ORG     0000H
        AJMP    0100H
        ORG     0100H
MAIN:   MOV     P1,#0FFH         ;P1初始化
        MOV     A,#11111110B     ;从最低位开始
```

```
LP1:      MOV   P1,A
          CALL  DELAY          ;延时
          RL    A              ;左移位
          SJMP  LP1            ;循环
DELAY:    MOV   R5,#10
DELAY1:   MOV   R6,#200
DELAY2:   MOV   R7,#200
          DJNZ  R7,$
          DJNZ  R6,DELAY2
          DJNZ  R5,DELAY1
          END
```

② C语言：

```
#include <reg51.h>
#include <intrins.h>
//延时程序
void delay(unsigned int count)
{
    unsigned char i;
    while(count--!=0)
        for(i=0;i<120;i++);
}
void main()
{
    unsigned char val=0xFE;
    while(1)
    {
        P1=val;
        val=_crol_(val,1);
        delay(500);
    }
}
```

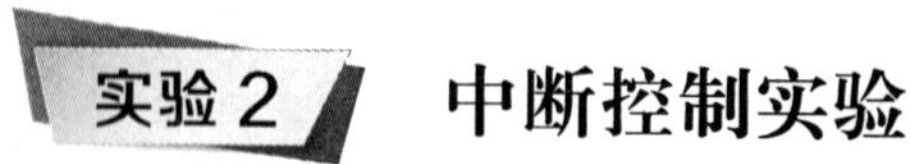

实验2　中断控制实验

3.2.1　实验目的

学习中断控制技术的基本原理，掌握中断程序的设计方法。

3.2.2 实验设备

PC一台,Dais-52 PRO+实验系统一套。

3.2.3 实验内容及步骤

1. 定时器中断

(1) 实验原理。

利用51单片机的定时/计数器T0,使P1.0控制的发光二极管L0每隔1 s交替点亮或熄灭。

(2) 实验步骤。

① 将实验箱I/O区的P1.0与LED区的L0按图3-3连线。

② 编写程序,经编译、连接无语法错误后装载到实验系统。

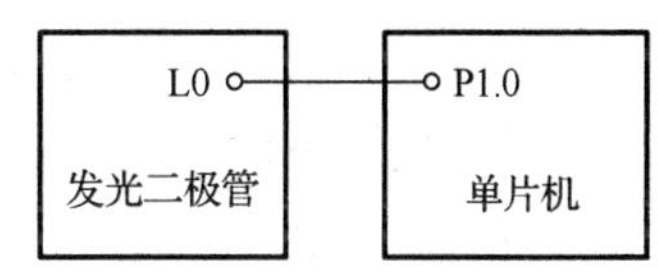

图3-3 实验接线图

③ 运行程序,观察发光二极管L0,应每隔1 s交替点亮或熄灭。

④ 实验完毕后,应使用暂停命令中止程序的运行。

(3) 参考程序。

① 汇编语言:

```
COUNT   EQU   9217                          ;11.059 2 MHz晶振延时10 ms
LED     EQU   P1.0
        ORG   0000H                         ;复位地址
        AJMP  MAIN                          ;开始时跳转到主程序
        ORG   000BH                         ;T0入口地址
        AJMP  INT_T0
        ORG   0100H
MAIN:   SETB  LED
        MOV   TMOD,#00000001B               ;设置T0工作在方式1(16位)
        MOV   TH0,#HIGH(65536-COUNT)        ;设置初值
        MOV   TL0,#LOW(65536-COUNT)
        CLR   TF0                           ;先把溢出标志位清0
        SETB  TR0                           ;开始计时
        SETB  EA                            ;全局中断打开
        SETB  ET0                           ;T0溢出中断打开
        MOV   R7,#00H                       ;用作定时器的计数累加
        SJMP  $                             ;循环,等待中断
;中断服务子程序
INT_T0: INC   R7                            ;计数增量
        CLR   TF0                           ;重新置中断标志位为0
```

```
            MOV   TH0,#(65536-COUNT)/256 ;重新赋初值
            MOV   TL0,#255
            CJNE  R7,#100,RETURN          ;让灯明暗间隔 1 s
            MOV   R7,#00H
            CPL   LED                     ;让灯明暗交替变化
RETURN: RETI
            END
```

② C 语言：

```
#include <reg51.h>
#define COUNT 65536-9271
sbit LED=P1^0;
unsigned char cnt;
void main()
{
    LED=1;
    TMOD=0x01;                    //设置 T0 工作在方式 1(16 位)
    TH0=COUNT>>8;                 //设置初值
    TL0=COUNT;
    TF0=0;                        //先把溢出标志位清 0
    TR0=1;                        //开始计时
    EA=1;                         //全局中断打开
    ET0=1;                        //T0 溢出中断打开
    cnt=0;                        //用作定时器的计数累加
    while(1);                     //循环,等待中断
}
void int_timer0() interrupt 1
{
    cnt++;                        //计数增量
    TF0=0;                        //重新置中断标志位为 0
    TH0=COUNT/256;                //重新赋初值
    TL0=255;
    if(cnt==100)                  //让灯明暗间隔 1 s
    {
        cnt=0;
        LED=~LED;                 //让灯明暗交替变化
    }
}
```

2. 外部中断

(1) 实验原理。

利用单片机的外部中断 INT0 连接单脉冲发生器，每按动一次单脉冲按钮，脉冲产生一次中断，使 P1.0 控制的发光二极管 L0 交替点亮或熄灭。

(2) 实验步骤。

① 将实验箱 I/O 区的 P1.0 与 LED 区的 L0 按图 3-4 连线。

② 将实验箱 I/O 区的 P3.2 与脉冲区的 SP 按图 3-4 连线。

③ 编写程序，经编译、连接无语法错误后装载到实验系统。

④ 运行程序，每按动一次单脉冲按钮，发光二极管 L0 交替点亮或熄灭一次。

⑤ 实验完毕后，应使用暂停命令中止程序的运行。

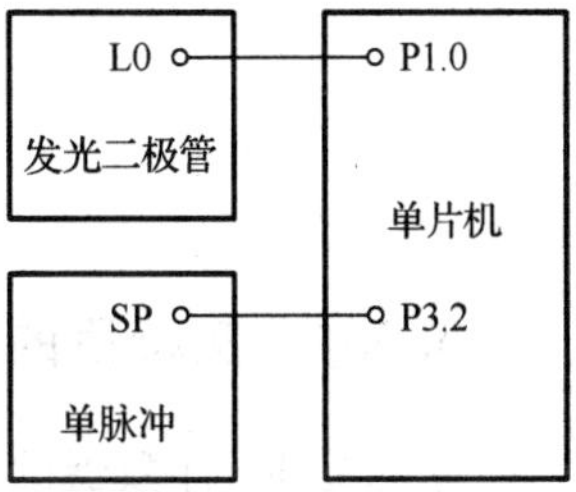

图 3-4 实验接线图

(3) 参考程序。

① 汇编语言：

```
LED       BIT    P1.0
          ORG    0000H
          AJMP   MAIN
          ORG    0003H
          AJMP   INT0SVR
          ORG    0100H
MAIN:     SETB   LED
          MOV    TCON,#01H      ;外部中断 0 下降沿触发
          MOV    IE,#81H        ;打开外部中断允许位(EX0)及总中断允许位(EA)
          SJMP   $              ;等待中断
;中断服务子程序
INT0SVR:  CPL    LED
          RETI
          END
```

② C 语言：

```
#include <reg51.h>
sbit LED=P1^0;
void main()
{
    LED=1;
    TCON=0x01;                  //外部中断 0 下降沿触发
    IE=0x81;                    //打开外部中断允许位(EX0)及总中断允许位(EA)
    while(1);                   //等待中断
}
```

```
void int0srv() interrupt 0
{
    LED=~LED;                       //让灯明暗交替变化
}
```

实验3 定时/计数器实验

3.3.1 实验目的

学习定时/计数器的工作方式，掌握程序设计方法。

3.3.2 实验设备

PC 一台，Dais-52 PRO+实验系统一套。

3.3.3 实验内容及步骤

1. 定时器实验

(1) 实验原理。

使用 T0 进行定时，编写程序，使 P1.0 控制的发光二极管 L0 每隔 2 s 交替点亮或熄灭。

(2) 实验步骤。

① 将实验箱 I/O 区的 P1.0 与 LED 区的 L0 按图 3-5 连线。

② 编写程序，经编译、连接无语法错误后装载到实验系统。

③ 运行程序，观察发光二极管 L0，应每隔 2 s 交替点亮或熄灭。

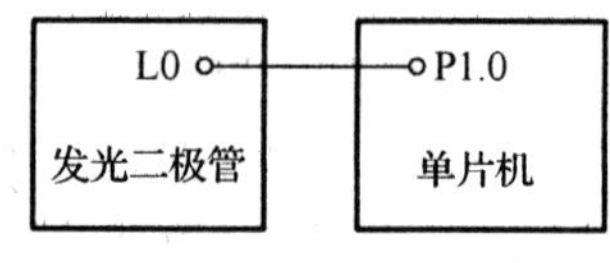

图 3-5 实验接线图

④ 实验完毕后，应使用暂停命令中止程序的运行。

(3) 参考程序。

① 汇编语言：

```
COUNT   EQU     8192-8000
LED     EQU     P1.0
        ORG     0000H
        AJMP    MAIN
        ORG     0100H
MAIN:   SETB    TR0                         ;启动 T0
        MOV     R7,#200                     ;定时/计数初值
LOOP:   MOV     TMOD,#00H
        MOV     TH0,#(COUNT/32)             ;定时 8 ms
        MOV     TL0,#(COUNT MOD 32)
        JNB     TF0,$                       ;等待 8 ms
        CLR     TF0
```

```
        DJNZ    R7,LOOP
        CPL     LED
        SJMP    MAIN
        END
```

② C语言：

```
#include <reg51.h>
#define COUNT 8192-8000
sbit LED=P1^0;
void main()
{
    unsigned char cnt;
    while(1)
    {
        TR0=1;                                  //启动 T0
        for(cnt=200;cnt>0;cnt--)                //定时/计数初值
        {
            TMOD=0x00;
            TH0=COUNT/32;                       //定时 8 ms
            TL0=COUNT%32;
            while(TF0==0);                      //等待 8 ms
            TF0=0;
        }
        LED=~LED;
    }
}
```

2. 计数器实验

(1) 实验原理。

T0工作在方式2，即8位自动重装，溢出时自动将TH0装入TL0。编写程序，每按动5次单脉冲按钮，使发光二极管L0交替点亮或熄灭1次。

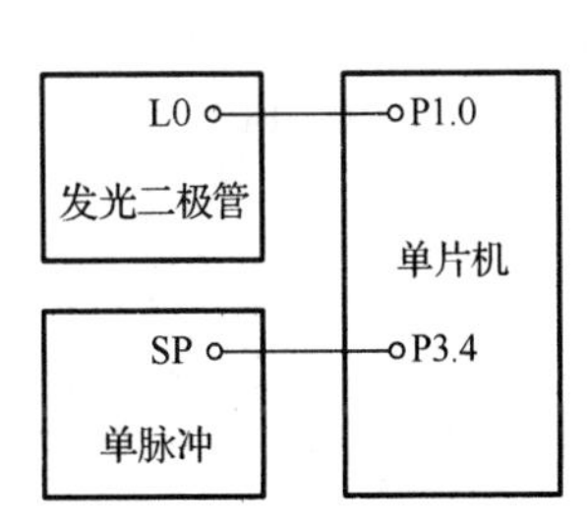

图3-6 实验接线图

(2) 实验步骤。

① 将实验箱I/O区的P1.0与LED区的L0按图3-6连线。

② 将实验箱I/O区的P3.4与脉冲区的SP按图3-6连线。

③ 编写程序，经编译、连接无语法错误后装载到实验系统。

④ 运行程序，每按动5次单脉冲按钮，L0交替点亮或熄灭1次。

⑤ 实验完毕后，应使用暂停命令中止程序的运行。

(3) 参考程序。

① 汇编语言：

```
LED     EQU     P1.0
        ORG     0000H
        AJMP    MAIN
        ORG     0100H
MAIN:   MOV     TMOD,#06H          ;T0计数方式2,自动重装
        MOV     TH0,#256-5
        MOV     TL0,#256-5
        SETB    TR0                ;启动T0
LOOP:   JNB     TF0,$              ;判T0溢出标志
        CPL     LED
        CLR     TF0
        SJMP    LOOP
        END
```

② C语言：

```
#include <reg51.h>
sbit LED=P1^0;
void main()
{
    TMOD=0x06;                  //T0计数方式2,自动重装
    TH0=256-5;
    TL0=256-5;
    TR0=1;                      //启动T0
    while(1)
    {
        while(TF0==0);          //判T0溢出标志
        LED=~LED;
        TF0=0;
    }
}
```

实验4 串行通信实验

3.4.1 实验目的

学习串行口的工作方式，掌握单片机通信程序编制方法。

3.4.2 实验设备

PC一台，Dais-52 PRO+实验系统一套。

3.4.3 实验内容及步骤

1. 与PC进行串行通信

(1) 实验原理。

8051单片机通过MAX232芯片与PC进行通信,在PC上运行串口助手软件。PC通过串口助手软件发送数据给单片机,单片机收到数据后取反发给PC,可以在PC上观察数据。

(2) 实验步骤。

① 将I/O区的P3.0与PACK区扩展板的RXD(P3.0)连接。

② 将I/O区的P3.1与PACK区扩展板的TXD(P3.1)连接。

③ 将PACK区模块的DB9通过串口线与PC的DB9连接。

④ 在PC上打开串口助手软件,按照图3-7进行设置。

⑤ 编写程序,经编译、连接无语法错误后装载到实验系统。

⑥ 运行程序,在发送区输入要发送的字符,单击"发送"按钮,观察接收区接收到的数据。

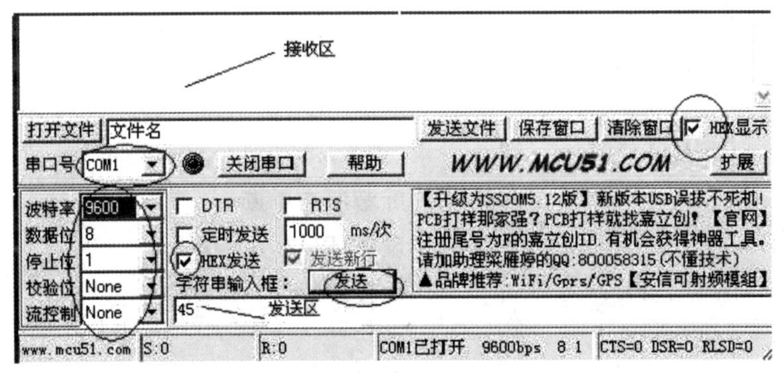

图3-7 串口助手软件设置界面

(3) 参考程序。

① 汇编语言:

```
            ORG     0000H
            LJMP    MAIN
            ORG     0023H
            LJMP    UART_INT
            ORG     0100H
MAIN:       MOV     SP,#70H
            MOV     IE,#0
            MOV     TMOD,#20H
            MOV     TH1,#0FDH
            MOV     TL1,#0FDH
```

```
            MOV   PCON,#0
            MOV   SCON,#50H
            SETB  TR1
            SETB  ES
            SETB  EA
            SJMP  $
UART_INT:   JNB   RI,K1
            MOV   A,SBUF
            XRL   A,#0FFH
            MOV   SBUF,A
            CLR   RI
K1:         CLR   TI
            RETI
            END
```

② C 语言：

```
#include <reg51.h>
unsigned char dat;
void main()
{
    IE=0x00;                    //屏蔽所有中断
    TMOD=0x20;                  //设置 T1 为方式 2
    TH1=TL1=0xFD;               //设置波特率为 9 600
    PCON=0x00;
    SCON=0x50;                  //设置串口为方式 1
    TR1=1;                      //定时器 1 开始计数
    ES=1;
    EA=1;
    while(1);                   //等待串口数据
}
void SerialIO0() interrupt 4
{
    if(RI)
    {
        RI=0;
        dat=SBUF;               //接收数据
        SBUF=~dat;              //取反后发送
    }
```

```
    else
        TI=0;
}
```

2. 双机串行通信实验

(1) 实验原理。

1号实验箱循环发送K0～K3设定的数据,2号实验箱将接收到的数据通过发光二极管L0～L3显示;2号实验箱循环发送K0～K3设定的数据,1号实验箱将接收到的数据通过发光二极管L0～L3显示。

(2) 实验步骤。

① 将I/O区的P1.0～P1.3与按键区的K0～K3按图3-8连接。

② 将I/O区的P1.4～P1.7与LED区的L0～L3按图3-8连接。

③ 将1号实验箱I/O区的P3.0和P3.1连接2号实验箱I/O区的P3.1和P3.0,如图3-8所示。

④ 将1号实验箱电源区的GND与2号实验箱电源区的GND连接。

⑤ 编写程序,经编译、连接无语法错误后装载到实验系统。

⑥ 运行程序,拨动1号实验箱的K0～K3以改变发送的数据,2号实验箱的发光二极管L0～L3应能显示接收到的数据;拨动2号实验箱的K0～K3以改变发送的数据,1号实验箱的发光二极管L0～L3应能显示接收到的数据。

⑦ 实验完毕后,应使用暂停命令中止程序的运行。

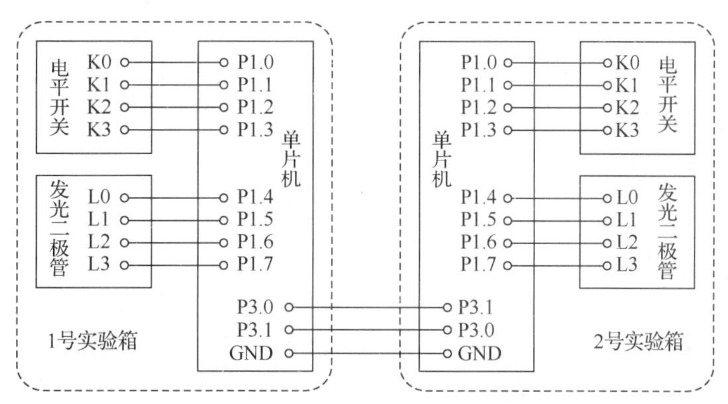

图3-8　双机串行通信电路图

(3) 参考程序。

① 汇编语言:

```
            ORG     0000H
            AJMP    START
            ORG     0003H
            AJMP    UARTINT
            ORG     0100H
START:      MO      SP,#60H                 ;给堆栈指针赋初值
```

```
          MOV    TMOD,#20H         ;设置 T1 为方式 2
          MOV    SCON,#50H         ;设置串口为方式 1
          MOV    TH1,#0FDH         ;设置波特率为 9 600
          MOV    TL1,#0FDH
          MOV    PCON,#00H
          SETB   EA
          SETB   ES
          SETB   TR1               ;定时器 1 开始计数
MLOOP:    CALL   SEND
          SJMP   MLOOP
SEND:     CLR    ES
          CLR    TI
          MOV    A,P1
          ANL    A,#0FH
          MOV    SBUF,A            ;发送
          JNB    TI, $
          CLR    TI
          SETB   ES
          RET
UARTINT:  JB     RI,RECEIVE
          CLR    TI
          RETI
RECEIVE:  CLR    RI
          PUSH   ACC
          MOV    A,SBUF
          ANL    A,#0FH
          ORL    A,#0F0H
          SWAP   A
          MOV    P1,A
          POP    ACC
          RETI
          END
```

② C 语言：

```
#include <reg51.h>
//延时程序
void delay(unsigned int count)
{
```

```
    unsigned char i;
    while(count--!=0)
      for(i=0;i<120;i++);
}
void main()
{
    unsigned char i=0x55;
    IE=0x00;                          //屏蔽所有中断
    TMOD=0x20;                        //设置T1为方式2
    TH1=TL1=0xFD;                     //设置波特率为9 600
    PCON=0x00;
    SCON=0x50;                        //设置串口为方式1
    TR1=1;                            //定时器1开始计数
    ES=1;
    EA=1;
    while(1)                          //循环发送
    {
       SBUF=i;                        //发送
       i=~i;
       delay(500);
    }
}
void SerialIO0() interrupt 4
{
    if(RI)
    {
       RI=0;
       P1=SBUF;
    }
    else
       TI=0;
}
```

实验5 8255接口实验

3.5.1 实验目的

了解键盘扫描、数码显示的基本原理,掌握8255接口电路的设计与编程方法。

3.5.2 实验设备

PC一台，Dais-52 PRO+实验系统一套。

3.5.3 实验内容及步骤

1. 8255控制交通灯

（1）实验原理。

8255作为输出口，控制12个发光二极管亮灭，模拟交通灯管理：

① 程序初始时，A路口绿灯亮，B路口红灯亮。

② 延迟一段时间后，A路口由绿灯亮变为黄灯闪烁。

③ 接着，A路口红灯亮，B路口绿灯亮。

④ 延迟一段时间后，B路口由绿灯亮变为黄灯闪烁。

⑤ 最后循环至初始状态，继续下一个循环。

实验电路图如图3-9所示。

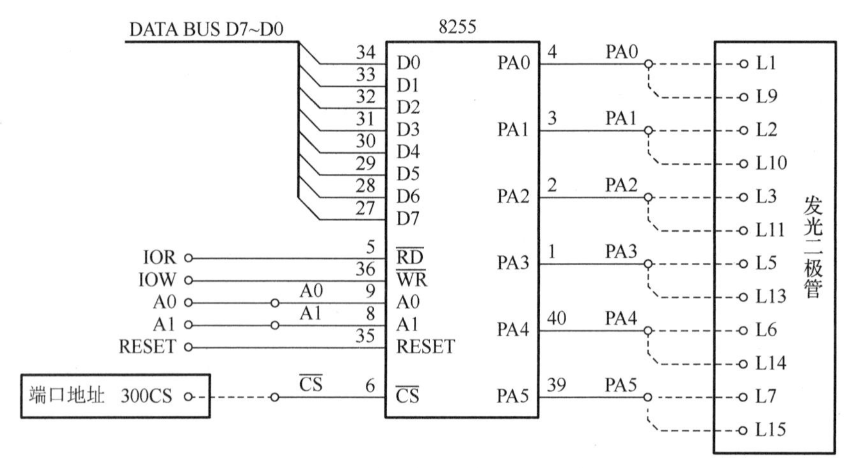

图3-9 8255控制交通灯实验电路图

（2）实验步骤。

① 将8255 A口区的PA0～PA5与LED区的L1～L15按图3-9连接。

② 将端口地址区的300CS与8255区的$\overline{\text{CS}}$按图3-9连接。

③ 编写实验程序，经编译、连接无语法错误后装载到实验系统。

④ 全速运行程序，观察发光二极管的显示。

（3）参考程序。

① 汇编语言：

```
PORTA    EQU    0300H
PORTB    EQU    0301H
PORTC    EQU    0302H
CS8255   EQU    0303H
```

```
        ORG     0000H
        MOV     SP,#60H
        MOV     DPTR,#CS8255
        MOV     A,#88H
        MOVX    @DPTR,A             ;8255 初始化
        MOV     DPTR,#PORTA
MLOOP:  MOV     A,#011101B          ;A 绿灯亮,B 红灯亮
        MOVX    @DPTR,A
        MOV     R2,#55H
        CALL    DELAY
        MOV     R0,#3
SLP1:   MOV     A,#011110B          ;A 黄灯闪,B 红灯亮
        MOVX    @DPTR,A
        MOV     R2,#20H
        CALL    DELAY
        MOV     A,#011111B
        MOVX    @DPTR,A
        MOV     R2,#20H
        CALL    DELAY
        DJNZ    R0,SLP1
        MOV     A,#101011B          ;A 红灯亮,B 绿灯亮
        MOVX    @DPTR,A
        MOV     R2,#55H
        CALL    DELAY
        MOV     R0,#3
SLP2:   MOV     A,#110011B          ;A 红灯亮,B 黄灯闪
        MOVX    @DPTR,A
        MOV     R2,#20H
        CALL    DELAY
        MOV     A,#111011B
        MOVX    @DPTR,A
        MOV     R2,#20H
        CALL    DELAY
        DJNZ    R0,SLP2
        JMP     MLOOP
;延时
DELAY:  PUSH    02H
```

```
D1:        PUSH    02H
D2:        PUSH    02H
           DJNZ    R2, $
           POP     02H
           DJNZ    R2,D2
           POP     02H
           DJNZ    R2,D1
           POP     02H
           DJNZ    R2,DELAY
           RET
           END
```

② C 语言：

```
xdata unsigned char PORTA _at_ 0x0300;
xdata unsigned char CS8255 _at_ 0x0303;
//延时程序
void delay(unsigned int count)
{
    unsigned char i;
    while(count--!=0)
      for(i=0;i<120;i++);
}
void main()
{
    unsigned char i;
    CS8255=0x88;
    while(1)
    {
        PORTA=0x1D;                    //A 绿灯亮,B 红灯亮
        delay(2000);
        for(i=0;i<3;i++)               //A 黄灯闪,B 红灯亮
        {
            PORTA=0x1E;
            delay(200);
            PORTA=0x1F;
            delay(200);
        }
        PORTA=0x2B;                    //A 红灯亮,B 绿灯亮
```

```
        delay(2000);
        for(i=0;i<3;i++)              //A红灯亮,B黄灯闪
        {
            PORTA=0x33;
            delay(200);
            PORTA=0x3B;
            delay(200);
        }
    }
}
```

2. 8255键盘与显示设计

(1) 实验原理。

本实验使用8255的PA0～PA7控制数码管字形口,PB0～PB5控制数码管字位口,同时,PB0～PB4作为键盘扫描口,PC0～PC3作为键盘读入口。

利用CPU控制8255,对4×5键盘进行扫描和键值读取,将键值显示到6位数码管上。

实验电路图如图3-10所示。

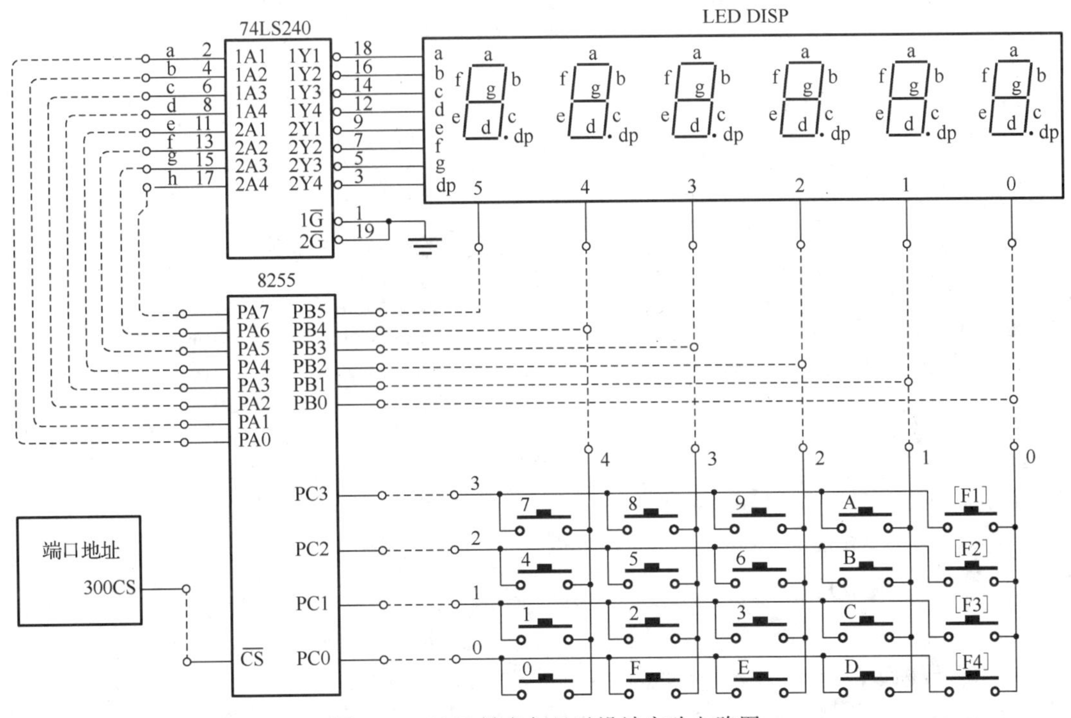

图3-10 8255键盘与显示设计实验电路图

(2) 实验步骤。

① 按图3-11拆除14芯扁平电缆。

② 将8255区的PA0～PA7与数码管区的a～h按图3-10连接。

③ 将 8255 区的 PB0～PB5 与数码管区的位 0～5 按图 3-10 连接。

④ 将 8255 区的 PB0～PB4 与按键区的列 0～4 按图 3-10 连接。

⑤ 将 8255 区的 PC0～PC3 与按键区的行 0～3 按图 3-10 连接。

⑥ 将 8255 区的 $\overline{CS}$ 与端口地址区的 300CS 按图 3-10 连接。

⑦ 编写实验程序，经编译、连接无语法错误后装载到实验系统。

⑧ 全速运行程序，按实验系统键盘上的 0～F 数字键，数码管显示对应数字；按 F1～F4 功能键，清除数码管显示。

⑨ 实验完毕后，应使用暂停命令中止程序的运行。

⑩ 本实验完毕后，应及时将步骤①中拆除的扁平电缆重新连接，以便其他实验能顺利进行。

图 3-11　8255 键盘与显示设计实验实物图

(3) 参考程序。

① 汇编程序：

```
CS8255    EQU    0303H
OUTSEG    EQU    0300H              ;字形控制口
OUTBIT    EQU    0301H              ;字位/键扫控制口
IN_KEY    EQU    0302H              ;键盘读入口
LEDBUF    EQU    7EH                ;显示缓冲/回车前光标位置
LEDBUFR   EQU    77H                ;回车后光标位置
BLNPNT    EQU    50H                ;闪动指针单元
          ORG 0
LEDGD:    MOV    SP,#60H
          MOV    DPTR,#CS8255
          MOV    A,#89H             ;命令字:A 和 B 输出,C 输入
          MOVX   @DPTR,A            ;8255 初始化
;清显示缓冲单元
LDEGD:    MOV    BLNPNT,#LEDBUF
          MOV    A,#10H
          MOV    R0,#LEDBUFR
LEGS:     MOV    @R0,A
          INC    R0
```

```
         CJNE    R0,#LEDBUF,LEGS
         INC     A                  ;送待令符“P.”
         MOV     @R0,A
LEDT:    CALL    XEG2               ;调闪动显示、键扫消抖子程序
         CJNE    A,#10H,LEG0        ;比较键值
LEG0:    JNC     LDEGD              ;如果是功能键则返回闪动的“P.”
         ACALL   XEG3               ;送当前 LED 光标闪动单元
         SJMP    LEDT               ;完成送数操作后返回,显示键扫入口
;刷新光标单元,调整闪动指针
XEG3:    MOV     R4,A               ;暂存键值
         MOV     R0,#BLNPNT         ;光标单元
         MOV     A,@R0
         MOV     R1,A
         MOV     A,R4               ;恢复键值
         MOV     @R1,A
         MOV     A,#LEDBUFR         ;回车后光标位置
         CJNE    A,01H,XG30         ;R1
         DEC     R1
         MOV     A,#LEDBUF          ;回车前光标位置
         SJMP    XG31
XG30:    DEC     R1
         MOV     A,R1
XG31:    MOV     @R0,A
         RET
;闪动显示子程序
XEG2:    MOV     R6,#80H
XGE0:    ACALL   XGEL               ;显示、键扫消抖程序
         JNB     ACC.5,XGX0
         DJNZ    R6,XGE0
         MOV     R0,#BLNPNT
         MOV     A,@R0
         MOV     R0,A
         MOV     A,@R0
         MOV     R7,A
         MOV     A,#10H
         MOV     @R0,A
         MOV     R6,#30H
```

```
XGE1:     ACALL  XGEL
          JNB    ACC.5,XGEX1          ;显示、键扫消抖程序
          DJNZ   R6,XGE1
          MOV    A,R7
          MOV    @R0,A
          SJMP   XEG2
XGEX1:    MOV    R6,A
          MOV    A,R7
          MOV    @R0,A
          MOV    A,R6
XGX0:     RET
;显示、键扫消抖程序
XGEL:     CALL   DISP                 ;显示
          CALL   GETKEY               ;得到键盘扫描码
          MOV    R4,A                 ;键消抖处理程序
          MOV    R1,#48H
          MOV    A,@R1
          MOV    R2,A
          INC    R1
          MOV    A,@R1
          MOV    R3,A
          MOV    A,R4
          XRL    A,R3
          MOV    R3,04H               ;R4
          MOV    R4,02H               ;R2
          JZ     XGE10
          MOV    R2,#88H
          MOV    R4,#88H              ;键消抖延迟参数
XGE10:    DEC    R4
          MOV    A,R4
          XRL    A,#82H
          JZ     XGE11
          MOV    A,R4
          XRL    A,#0EH
          JZ     XGE11
          MOV    A,R4
          JZ     XGE12
```

```
        MOV     R4,#20H
        DEC     R2
        SJMP    XGE13
XGE12:  MOV     R4,#0FH
XGE11:  MOV     R2,04H          ;R4
        NOP
        NOP
        MOV     R4,03H          ;R3
XGE13:  MOV     R1,#48H
        MOV     A,R2
        MOV     @R1,A
        INC     R1
        MOV     A,R3
        MOV     @R1,A
        MOV     A,R4
        JB      ACC.5,XG113
        MOV     DPTR,#KEYCODE
        MOVC    A,@A+DPTR
XG113:  RET
;显示子程序
DISP:   PUSH    DPL
        PUSH    DPH
        SETB    RS1
        MOV     R0,#LEDBUF
        MOV     R2,#20H
        MOV     DPTR,#LEDMAP
DISP2:  MOV     A,@R0
        MOVC    A,@A+DPTR
        PUSH    DPL
        PUSH    DPH
        MOV     DPTR,#OUTSEG
        MOVX    @DPTR,A
        MOV     A,R2
        MOV     DPTR,#OUTBIT
        MOVX    @DPTR,A
        POP     DPH
        POP     DPL
```

```
            MOV     R3,#0
            DJNZ    R3,$                ;闪动延迟
            CLR     C
            RRC     A                   ;右移显示
            MOV     R2,A
            DEC     R0
            JNZ     DISP2
            CLR     RS1
            POP     DPH
            POP     DPL
            RET
;键扫子程序
GETKEY:     SETB    RS1
            MOV     R2,#0FEH
            MOV     R3,#08H
            MOV     R0,#00H
LGEP1:      PUSH    DPL
            PUSH    DPH
            MOV     DPTR,#OUTBIT
            MOV     A,R2
            MOVX    @DPTR,A
            RL      A
            MOV     R2,A
            MOV     DPTR,#IN_KEY
            MOVX    A,@DPTR
            POP     DPH
            POP     DPL
            CPL     A
            ANL     A,#0FH
            JNZ     LGEP0
            INC     R0
            DJNZ    R3,LGEP1
XGEP33:     MOV     A,#20H
XGEP3:      MOV     R2,A
            MOV     A,#0FH
            PUSH    DPL
            PUSH    DPH
```

```
        MOV     DPTR,#OUTBIT
        MOVX    @DPTR,A
        POP     DPH
        POP     DPL
        MOV     A,R2
        CLR     RS1
        SJMP    RETURN
LGEP0:  CPL     A
        JB      ACC.0,XGEP0
        MOV     A,#00H
        SJMP    LGEPP
XGEP0:  JB      ACC.1,XGEP1
        MOV     A,#08H
        SJMP    LGEPP
XGEP1:  JB      ACC.2,XGEP2
        MOV     A,#10H
        SJMP    LGEPP
XGEP2:  JB      ACC.3,XGEP33
        MOV     A,#18H
LGEPP:  ADD     A,R0
        SJMP    XGEP3
RETURN: RET
;键值表
KEYCODE:DB      13H,0DH,0EH,0FH,00H,20H,20H,20H
        DB      12H,0CH,03H,02H,01H,20H,20H,20H
        DB      11H,0BH,06H,05H,04H,20H,20H,20H
        DB      10H,0AH,09H,08H,07H,20H,20H,20H
;字形表
LEDMAP: DB      0C0H,0F9H,0A4H,0B0H,99H,92H,82H,0F8H   ;0~7
        DB      80H,90H,88H,83H,0C6H,0A1H,86H,8EH       ;8,9,A~F
        DB      0FFH,0CH                                ;' ','P.'
        END
```

② C 语言：

```
#include <reg51.h>
//8255 并行口
xdata unsigned char CS8255 _at_ 0x0303;
xdata unsigned char OUTSEG _at_ 0x0300;
```

```
xdata unsigned char OUTBIT _at_ 0x0301;
xdata unsigned char IN_KEY _at_ 0x0302;
//键盘扫描、LED 八段数码管显示
unsigned char LedBuf[6]={0x11,0x10,0x10,0x10,0x10,0x10};    //显示缓冲
code unsigned char code LedMap[18]=                          //LED 字形代码表
{
    0xC0,0xF9,0xa4,0xB0,0x99,0x92,0x82,0xF8,                 //0~7
    0x80,0x90,0x88,0x83,0xC6,0xA1,0x86,0x8E,                 //8,9,A~F
    0xFF,0x0C                                                //' ','P.'
};
code unsigned char code KeyTab[20]=                          //键盘阵列表
{
    0x13,0x12,0x11,0x10,0x0D,0x0C,0x0B,0x0A,
    0x0E,0x03,0x06,0x09,0x0F,0x02,0x05,0x08,
    0x00,0x01,0x04,0x07
};
//延时程序
void delay(unsigned int count)
{
    unsigned char i;
    while(count--!=0)
        for(i=0;i<120;i++);
}
//LED 七段码显示函数
void disp()
{
    unsigned char i,pos=0x20;                                //pos 为最高字位
    for(i=0;i<6;i++)                                         //一次扫描 8 个 LED
    {
        OUTSEG=LedMap[LedBuf[i]];                            //写字形代码
        OUTBIT=pos;                                          //写字位控制
        delay(2);                                            //延时
        pos>>=1;                                             //移位显示
    }
}
//读取键盘状态(高 4 位不用)
unsigned char testkey()
```

```
{
    OUTBIT=0;                               //置输出线为0
    return(~(IN_KEY)&0xF);
}
//得到键盘扫描码
unsigned char getkey()
{
    unsigned char pos,i,k;
    i=8;
    pos=0x80;                               //扫描列
    do
    {
        OUTBIT=~pos;
        pos>>=1;
        k=~(IN_KEY)&0xF;
    }
    while((--i!=0)&&(k==0));
    if(k!=0)                                //键盘扫描码=列×4+行
    {
        i*=4;
        if(k&2) i+=1;
        else if(k&4) i+=2;
        else if(k&8) i+=3;
        OUTBIT=0;
        while(testkey()) disp();            //等键释放
        return(KeyTab[i]);                  //返回扫描码
    }
    else return(0xFF);                      //键值超出范围
}
void main()
{
    unsigned char key,dbit=0;
    CS8255=0x89;                            //PA和PB输出,PC输入
    while(1)
    {
        if(testkey())
        {
```

```
            key=getkey();
            if(key>0x0F)                                        //功能键
            {
                LedBuf[0]=0x10;
                LedBuf[1]=0x10;
                LedBuf[2]=0x0F;
                LedBuf[4]=0x10;
                LedBuf[5]=0x10;
                switch(key)
                {
                    case 0x10:LedBuf[3]=0x01;
                              break;
                    case 0x11:LedBuf[3]=0x02;
                              break;
                    case 0x12:LedBuf[3]=0x03;
                              break;
                    case 0x13:LedBuf[3]=0x04;
                              break;
                }
                dbit=0;
            }
            else                                                //数字键
            {
                LedBuf[dbit]=key;
                if(dbit>=5) dbit=0;
                else dbit++;
            }
        }
        disp();
    }
}
```

实验 6　串行存储器读/写实验

3.6.1　实验目的

学习串行单片机操作片外串行 E^2PROM(AT24C02)的方法。

3.6.2 实验设备

PC 一台，Dais-52 PRO+实验系统一套。

3.6.3 实验内容及步骤

（1）实验原理。

向 AT24C02 写入 8 个字节数据，再将其读到片内 RAM，观察片内 RAM 窗口数据是否正确。

实验电路图如图 3-12 所示。

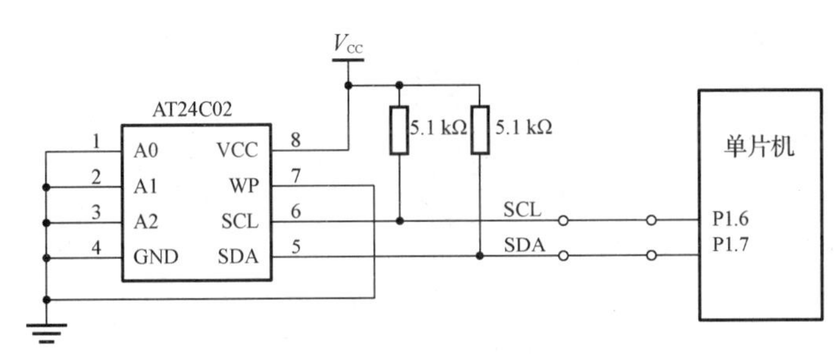

图 3-12 AT24C02 串行存储器读/写实验电路图

（2）实验步骤。

① 将 I/O 区的 P1.6，P1.7 与 AT24C02 区的 SCL，SDA 按图 3-12 连接。

② 编写实验程序，经编译、连接无语法错误后装载到实验系统。

③ 在“SJMP $”语句行设置断点，然后运行程序。

④ 程序遇到断点后暂停，此时查看片内 RAM 的 48H～4FH 单元数据，应与 40H～47H 单元一致。

⑤ 反复修改写入 AT24C02 的数据，验证程序的正确性。

（3）参考程序。

① 汇编语言：

```
SDA       BIT     P1.7                 ;I²C 总线定义
SCL       BIT     P1.6
MTD       EQU     40H                  ;发送数据缓冲区
MRD       EQU     48H                  ;接收数据缓冲区
;定义器件地址
CSROM     EQU     0A0H                 ;器件地址
ACK       BIT     10H                  ;应答标志位
SLA       DATA    50H                  ;器件的从地址
SUBA      DATA    51H                  ;器件的子地址
NUMBYTE   DATA    52H                  ;读/写的字节数变量
          ORG     0000H
          LJMP    MAIN
```

```
              ORG     0100H
MAIN:         MOV     SP,#70H
              LCALL   DELAY
              MOV     DPTR,#DATABUF
              MOV     R0,#MTD
MLOOP:        MOVC    A,@A+DPTR
              MOV     @R0,A
              INC     DPTR
              INC     R0
              CLR     A
              CJNE    R0,#MTD+8,MLOOP
              MOV     SLA,#CSROM              ;指定器件地址
              MOV     SUBA,#00H               ;指定子地址
              MOV     NUMBYTE,#08H            ;写入8字节数据
              LCALL   WRBYTES                 ;开始写入
              LCALL   DELAY
              MOV     SLA,#CSROM              ;指定器件地址
              MOV     SUBA,#00H               ;指定子地址
              MOV     NUMBYTE,#08H            ;读出8字节数据
              LCALL   RDBYTES                 ;开始读出
              LCALL   DELAY
              SJMP    $                       ;断点到此行,查看数据是否正确
;启动I²C总线子程序
START:        SETB    SDA
              NOP
              SETB    SCL                     ;起始条件建立时间大于4.7 μs
              NOP
              NOP
              NOP
              NOP
              NOP
              CLR     SDA
              NOP                             ;起始条件锁定时间大于4 μs
              NOP
              NOP
              NOP
              NOP
```

```
        CLR     SCL             ;钳住总线,准备发送数据
        NOP
        RET
;结束总线子程序
STOP:   CLR     SDA
        NOP
        SETB    SCL             ;发送结束条件的时钟信号
        NOP                     ;结束总线时间大于 4 μs
        NOP
        NOP
        NOP
        NOP
        SETB    SDA             ;结束总线
        NOP                     ;保证一个终止信号和起始信号的
                                ;空闲时间大于 4.7 μs
        NOP
        NOP
        NOP
        RET
;发送应答信号子程序
MACK:   CLR     SDA             ;将 SDA 置 0
        NOP
        NOP
        SETB    SCL
        NOP                     ;保持数据时间,即 SCL 为高时间
                                ;大于 4.7 μs
        NOP
        NOP
        NOP
        NOP
        CLR     SCL
        NOP
        NOP
        RET
;检查应答位子程序
;返回值,ACK=1 时表示有应答
CACK:   SETB    SDA
```

```
            NOP
            NOP
            SETB    SCL
            CLR     ACK
            NOP
            NOP
            MOV     C,SDA
            JC      CEND
            SETB    ACK                     ;判断应答位
CEND:       NOP
            CLR     SCL
            NOP
            RET
;发送非应答信号
MNACK:      SETB    SDA                     ;将 SDA 置 1
            NOP
            NOP
            SETB    SCL
            NOP
            NOP                             ;保持数据时间,即 SCL 为高时间
                                            ;大于 4.7 μs
            NOP
            NOP
            NOP
            CLR     SCL
            NOP
            NOP
            RET
;向器件指定子地址写 N 字节数据
;入口参数:器件从地址 SLA、器件子地址 SUBA、发送数据缓冲区 MTD、发送
;字节数 NUMBYTE
;占用:A,R0,R1,R3,CY
WRBYTES:    MOV     A,NUMBYTE
            MOV     R3,A
            LCALL   START                   ;启动总线
            MOV     A,SLA
            LCALL   WRBYTE                  ;发送器件从地址
```

```
            LCALL  CACK
            JNB    ACK,RETWRN           ;无应答则退出
            MOV    A,SUBA               ;指定子地址
            LCALL  WRBYTE
            LCALL  CACK
            MOV    R1,#MTD
WRDA:       MOV    A,@R1
            LCALL  WRBYTE               ;开始写入数据
            LCALL  CACK
            JNB    ACK,WRBYTES
            INC    R1
            DJNZ   R3,WRDA              ;判断是否写完
RETWRN:     LCALL  STOP
            RET
;发送字节子程序
;字节数据放入 ACC
;每发送一个字节要调用一次 CACK 子程序,取应答位
WRBYTE:     MOV    R0,#08H
WLP:        RLC    A                    ;取数据位
            JC     WR1
            SJMP   WR0                  ;判断数据位
WLP1:       DJNZ   R0,WLP
            NOP
            RET
WR1:        SETB   SDA                  ;发送 1
            NOP
            SETB   SCL
            NOP
            NOP
            NOP
            NOP
            NOP
            CLR    SCL
            SJMP   WLP1
WR0:        CLR    SDA                  ;发送 0
            NOP
            SETB   SCL
```

```
          NOP
          NOP
          NOP
          NOP
          NOP
          CLR     SCL
          SJMP    WLP1
;向器件指定子地址读取 N 字节数据
;入口参数:器件从地址 SLA、器件子地址 SUBA、接收字节数 NUMBYTE
;出口参数:接收数据缓冲区 MTD
;占用:A,R0,R1,R2,R3,CY
RDBYTES:  MOV     R3,NUMBYTE
          LCALL   START
          MOV     A,SLA
          LCALL   WRBYTE              ;发送器件从地址
          LCALL   CACK
          JNB     ACK,RETRDN
          MOV     A,SUBA              ;指定子地址
          LCALL   WRBYTE
          LCALL   CACK
          LCALL   START               ;重新启动总线
          MOV     A,SLA
          INC     A                   ;准备进行读操作
          LCALL   WRBYTE
          LCALL   CACK
          JNB     ACK,RDBYTES
          MOV     R1,#MRD
RDN1:     LCALL   RDBYTE              ;读操作开始
          MOV     @R1,A
          NOP                         ;+1
          NOP                         ;+1
          DJNZ    R3,SACK
          LCALL   MNACK               ;最后一个字节读完发送非应答信号
RETRDN:   LCALL   STOP                ;结束总线
          RET
SACK:     LCALL   MACK
          INC     R1
```

```
          SJMP    RDN1
;读取字节子程序
;读出的值在 ACC
;每取一个字节要发送一个应答/非应答信号
RDBYTE:   MOV     R0,#08H
RLP:      SETB    SDA
          NOP
          NOP
          NOP
          NOP
          SETB    SCL                       ;时钟线为高,接收数据位
          NOP
          NOP
          NOP                               ;+1
          NOP                               ;+1
          NOP                               ;+1
          NOP                               ;+1
          NOP                               ;+1
          MOV     C,SDA                     ;读取数据位
          MOV     A,R2
          CLR     SCL                       ;将 SCL 拉低,时间大于 4.7 μs
          RLC     A                         ;进行数据位的处理
          MOV     R2,A
          NOP
          NOP
          NOP
          NOP                               ;+1
          NOP                               ;+1
          NOP                               ;+1
          NOP
          NOP
          NOP                               ;+1
          NOP
          NOP                               ;+1
          NOP                               ;+1
          DJNZ    R0,RLP                    ;未够 8 位,再来一次
          RET
```

```
DELAY:      MOV     R7,#00II
MIN:        DJNZ    R7,YS500
            RET
YS500:      LCALL   YS500US
            LJMP    MIN
YS500US:    MOV     R6,#00H
            DJNZ    R6,$
            RET
DELAY1:     MOV     R7,#20H
            DJNZ    R7,$
            RET
DATABUF:    DB      11H,22H,33H,44H,55H,66H,77H,88H
            END
```

② C语言：

```
#include <reg52.h>
#include <absacc.h>
#include <intrins.h>
typedef unsigned char uchar;
typedef unsigned int uint;
sbit SDA=P1^7;                                //I2C数据传送位
sbit SCL=P1^6;                                //I2C时钟控制位
//函数声明
void iic_wait(void);                          //I2C延时
void iic_start(void);                         //开启I2C总线
void iic_stop(void);                          //关闭I2C总线
void iic_ack(void);                           //发送ACK信号
void iic_no_ack(void);                        //发送NOACK信号
bit iic_wait_ack(void);                       //等待ACK信号
void iic_send_byte(uchar demand);             //MCU向I2C设备发送一个字节
uchar iic_receive_byte(void);                 //MCU从I2C设备接收一个字节
//延时
void delay(void)
{
    uchar i,j;
    for(i=0;i<100;i++)
      for(j=0;j<100;j++);
}
```

```
//I²C 延时
void iic_wait(void)
{
    _nop_();
    _nop_();
    _nop_();
    _nop_();
    _nop_();
    _nop_();
    _nop_();
    _nop_();
    _nop_();
    _nop_();
    _nop_();
    _nop_();
    _nop_();
    _nop_();
    _nop_();
    _nop_();
    _nop_();
    _nop_();
    _nop_();
    _nop_();
    _nop_();
    _nop_();
    _nop_();
}
//开启 I²C 总线
void iic_start(void)
{
    SDA=1;
    SCL=1;
    iic_wait();
    SDA=0;
    iic_wait();
    SCL=0;
}
```

```
//关闭I²C总线
void iic_stop(void)
{
    SDA=0;
    SCL=0;
    iic_wait();
    SCL=1;
    iic_wait();
    SDA=1;
}
//发送ACK信号
void iic_ack(void)
{
    SDA=0;
    iic_wait();
    SCL=1;
    iic_wait();
    SCL=0;
}
//发送NOACK信号
void iic_no_ack(void)
{
    SDA=1;
    iic_wait();
    SCL=1;
    iic_wait();
    SCL=0;
}
//等待ACK信号(返回值:1——ACK,0——ERROR)
bit iic_wait_ack(void)
{
    uchar errtime=255;
    SDA=1;
    iic_wait();
    SCL=1;
    iic_wait();
    while(SDA)
```

```
    {
        errtime--;
        if(!errtime)
        return 0;
    }
    SCL=0;
    return 1;
}
//MCU向I²C设备发送一个字节(参数:sbyte——待发送的字节数据)
void iic_send_byte(uchar sbyte)
{
    uchar i=8;
    while(i--)
    {
        SCL=0;
        _nop_();
        SDA=(bit)(sbyte&0x80);
        sbyte<<=1;
        iic_wait();
        SCL=1;
        iic_wait();
    }
    SCL=0;
}
//MCU从I²C设备接收一个字节(返回值:ddata——接收的数据)
uchar iic_receive_byte(void)
{
    uchar i=8,ddata=0;
    SDA=1;
    while(i--)
    {
        ddata<<=1;
        SCL=0;
        iic_wait();
        SCL=1;
        iic_wait();
        ddata|=SDA;
```

```
    }
    SCL=0;
    return ddata;
}
//向I²C设备写入N个字节(参数:write_data——存放写入字节的数组,address——写入
//起始地址,num——写入的字节数)
void write_iic_data(uchar write_data[],uchar address,uchar num)
{
    uchar n;
    iic_start();
    iic_send_byte(0xA0);
    iic_wait_ack();
    iic_send_byte(address);
    iic_wait_ack();
    for(n=0;n<num;n++)
    {
        iic_send_byte(write_data[n]);
        iic_wait_ack();
    }
    iic_stop();
}
//从I²C设备读取N个字节(参数:read_data——存放读取字节的数组,address——读出
//起始地址,num——读出的字节数)
void read_iic_data(uchar read_data[],uchar address,uchar num)
{
    uchar n;
    uchar *pread_data;
    pread_data=read_data;
    iic_start();
    iic_send_byte(0xA0);
    iic_wait_ack();
    iic_send_byte(address);
    iic_wait_ack();
    iic_start();
    iic_send_byte(0xA1);
    iic_wait_ack();
    for(n=0;n<num;n++)
```

```
    {
        *pread_data=iic_receive_byte();
        pread_data++;
        if(n!=(num-1))                          //最后一个数据不应答
          iic_ack();
    }
    iic_no_ack();
    iic_stop();
}
uchar idata test_write[8]={0x11,0x22,0x33,0x44,0x55,0x66,0x77,0x88};
uchar idata test_read [8];
//主程序
main()
{
    uint i;
    uchar j;
    while(1)
    {
        for(j=0;j<8;j++)
        {
            write_iic_data(&test_write[j],j,8);   //向24C02的0~7地址存储单元写
                                                  //数据
            delay();
            read_iic_data(&test_read[j],j,8);     //从24C02的0~7地址存储单元读
                                                  //数据
        }
        while(1);
    }
}
```

实验7　ADC0809模/数转换实验

3.7.1　实验目的

了解模/数转换的基本原理，掌握ADC0809的使用方法。

3.7.2　实验设备

PC一台，Dais-52 PRO+实验系统一套。

3.7.3 实验内容及步骤

(1) 实验原理。

利用实验系统的 ADC0809 作为 A/D 转换器,实验系统的电位器提供模拟量输入,编制程序,将模拟量转换成数字量并显示。

实验电路图如图 3-13 所示。

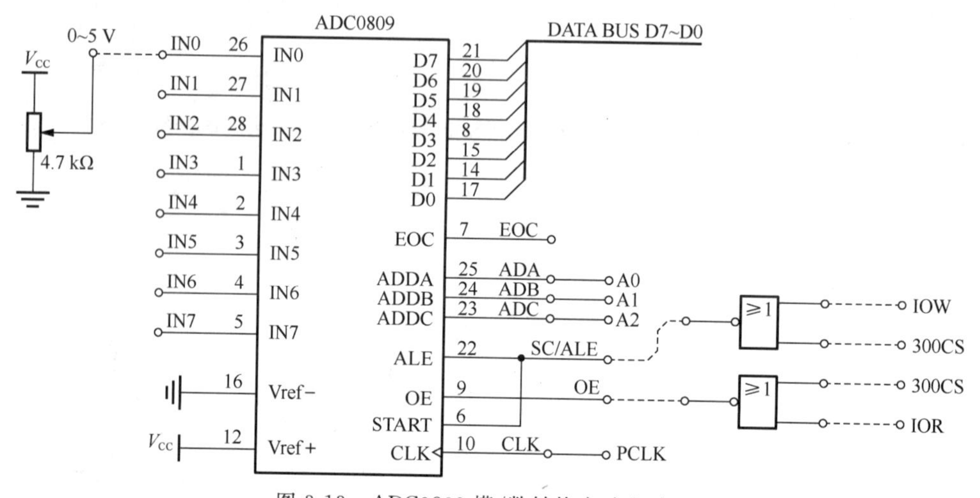

图 3-13 ADC0809 模/数转换实验电路图

(2) 实验步骤。

① 将 ADC0809 区的 IN0 与调压区的 0~5 V 孔连接。

② 将控制线区的 RD 连到逻辑电路区或非门的一个输入端。

将端口地址区的 300CS 连到逻辑电路区或非门的另一个输入端。

该或非门的输出端连接到 ADC0809 区的 OE 端。

③ 将控制线区的 WR 连到逻辑电路区或非门的一个输入端。

将端口地址区的 300CS 连到逻辑电路区或非门的另一个输入端。

该或非门的输出端连接到 ADC0809 区的 SC/ALE 端。

④ 编写实验程序,经编译、连接无语法错误后装载到实验系统。

⑤ 全速运行程序,调节 0~5 V 模拟电压,观察数码管显示的 A/D 转换值。

⑥ 实验完毕后,应使用暂停命令中止程序的运行。

(3) 参考程序。

① 汇编语言:

```
CS0809      EQU     0300H
CS8279C     EQU     0FFF1H
CS8279D     EQU     0FFF0H
LEDBUF      EQU     70H                 ;显示缓冲
            ORG     0
```

```
START:  CALL    I8279               ;8279初始化
        MOV     LEDBUF+0,#0
        MOV     LEDBUF+1,#8
        MOV     LEDBUF+2,#0
        MOV     LEDBUF+3,#9
        MOV     DPTR,#CS0809
ADC:    MOVX    @DPTR,A             ;ADC0809的通道0采样
        NOP
        NOP
        NOP
        NOP
        NOP
        MOVX    A,@DPTR             ;取出采样值
        MOV     B,A                 ;拆送显示缓冲区
        SWAP    A
        ANL     A,#0FH
        ANL     B,#0FH
        MOV     LEDBUF+4,A
        MOV     LEDBUF+5,B
        CALL    DISP
        SJMP    ADC                 ;循环
;8279初始化
I8279:  PUSH    DPL
        PUSH    DPH
        MOV     DPTR,#CS8279C       ;指向命令口
        MOV     A,#00H              ;8个8位显示
        MOVX    @DPTR,A             ;方式字写入
        MOV     A,#32H              ;设分频初值
        MOVX    @DPTR,A             ;分频字写入
        MOV     A,#0DFH             ;定义清显字
        MOVX    @DPTR,A             ;关闭显示器
X90S:   MOVX    A,@DPTR
        JB      ACC.7,X90S          ;检测8279
        POP     DPH
        POP     DPL
        RET
;显示子程序
```

```
DISP:       PUSH    DPL
            PUSH    DPH
            MOV     R2,#85H
            MOV     R0,#LEDBUF
DISP1:      MOV     DPTR,#CS8279C
            MOV     A,R2
            MOVX    @DPTR,A
            MOV     DPTR,#LEDMAP        ;指向字形表首
            MOV     A,@R0               ;取送显数据
            MOVC    A,@A+DPTR           ;索字形代码
            MOV     DPTR,#CS8279D       ;指向字形口
            MOVX    @DPTR,A             ;送当前字形
            DEC     R2
            INC     R0
            CJNE    R0,#LEDBUF+6,DISP1
            POP     DPH
            POP     DPL
            RET
;字形表
LEDMAP:     DB      0CH,9FH,4AH,0BH,99H,29H,28H,8FH
            DB      08H,09H,88H,38H,6CH,1AH,68H,0E8H,0FFH
            END
```

② C语言：

```
#include <intrins.h>
#define DELAY5US() _nop_();_nop_();_nop_();_nop_();_nop_()
xdata unsigned char CS0809 _at_ 0x0300;
xdata unsigned char CS8279C _at_ 0xFFF1;
xdata unsigned char CS8279D _at_ 0xFFF0;
unsigned char LedBuf[6]={0,8,0,9,0,0};                //显示缓冲
code unsigned char LedMap[]=                          //LED字形代码表
{
    0x0C,0x9F,0x4A,0x0B,0x99,0x29,0x28,0x8F,          //0~7
    0x08,0x09,0x88,0x38,0x6C,0x1A,0x68,0xE8,          //8,9,A~F
    0xFF                                              //清显示
};
//8279初始化
void init8279(void)
```

```
{
    CS8279C=0x00;                                  //8个8位显示
    CS8279C=0x32;                                  //设分频初值
    CS8279C=0xDF;                                  //清显示
    while(!(CS8279C&0x80));                        //等待8279就绪
}
//8279显示
void disp8279(void)
{
    unsigned char i,j=0x85;
    for(i=0;i<6;i++)
    {
        CS8279C=j--;
        CS8279D=LedMap[LedBuf[i]];
    }
}
void main()
{
    unsigned char i;
    init8279();
    while(1)
    {
        CS0809=0;
        DELAY5US();
        i=CS0809;
        LedBuf[4]=i>>4;
        LedBuf[5]=i&0x0F;
        disp8279();
    }
}
```

实验8 DAC0832数/模转换实验

3.8.1 实验目的

了解数/模转换的基本原理,掌握DAC0832芯片的使用方法。

3.8.2 实验设备

PC 一台，Dais-52 PRO+实验系统一套。

3.8.3 实验内容及步骤

(1) 实验原理。

利用 DAC0832 芯片输出三角波驱动发光二极管，观察二极管渐亮渐灭，或者用示波器观察输出波形。

实验电路图如图 3-14 所示。

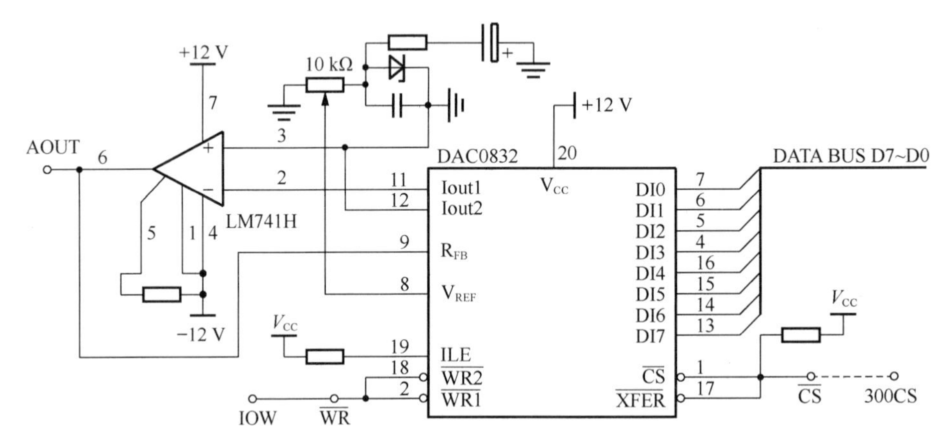

图 3-14 DAC0832 数/模转换实验电路图

(2) 实验步骤。

① 将端口地址区的 300CS 与 DAC0832 区的 $\overline{CS}$ 按图 3-14 连接。

② 将 LED 区的 L0 与 DAC0832 区的 AOUT 连接。

③ 编写实验程序，经编译、连接无语法错误后装载到实验系统。

④ 全速运行程序，观察 L0 等做呼吸亮灭或者用示波器观察 AOUT 端的输出波形。

⑤ 实验完毕后，应使用暂停命令中止程序的运行。

(3) 参考程序。

① 汇编语言：

```
CS0832   EQU     0300H
DA0V     EQU     00H
DA5V     EQU     0FFH
         ORG     0000H
         MOV     DPTR,#CS0832
         CLR     A
K1:      MOVX    @DPTR,A
         INC     A
         ACALL   DELAY
```

```
            CJNE    A,#255,K1
K2:         MOVX    @DPTR,A
            DEC     A
            ACALL   DELAY
            CJNE    A,#0,K2
            SJMP    K1
DELAY:      MOV     R6,#20H
KK:         MOV     R7,#80H
            DJNZ    R7,$
            DJNZ    R6,KK
            RET
            END
```

② C语言：

```
#define DA0V 0x00
#define DA2V5 0x7F
#define DA5V 0xFF
xdata unsigned char CS0832 _at_ 0x0300;
//延时程序
void delay(unsigned int count)
{
    unsigned char i;
    while(count--!=0)
      for(i=0;i<120;i++);
}
void main()
{
    unsigned char i,j;
    while(1)
    {
        if(j==0)
        {
            for(i=0;i<255;i++)
            {
                CS0832=255-i;
                delay(10);
                if(i==254) j=1;
            }
```

```
        }
        else
        {
            for(i=0;i<255;i++)
            {
                CS0832=i;
                delay(10);
                if(i==254) j=0;
            }
        }
    }
}
```

实验9 数字温度传感器实验

3.9.1 实验目的

学习 DS18B20 数字温度传感器的编程方法。

3.9.2 实验设备

PC 一台，Dais-52 PRO+实验系统一套。

3.9.3 实验内容及步骤

(1) 实验原理。

单片机的 P3.3 连接 DS18B20 的 DQ 管脚，完成对 DS18B20 的初始化及温度的读取；单片机的 P3.2 通过继电器控制功率电阻进行加温。通过对 P3.2 的控制，使温度恒定在某一固定值。

实验电路图如图 3-15 所示。

(2) 实验步骤。

① 将 I/O 区的 P3.2 与脉冲区的继电器上面的 JIN 连接。

② 将 I/O 区的 P3.3 与温度区的 DQ 连接。

③ 将电源区的 GND 与脉冲区的继电器上面的 JZ 连接。

④ 将温度区的 HOT 与脉冲区的继电器上面的 JK 连接。

⑤ 编写实验程序，经编译、连接无语法错误后装载到实验系统。

⑥ 全速运行程序，数码管第 1,2 位显示设定温度，第 5,6 位显示实测温度。

⑦ 当实测温度小于设定温度时，开始加温；当实测温度大于或等于设定温度时，停止加温。

⑧ 实验完毕后，应使用暂停命令中止程序的运行。

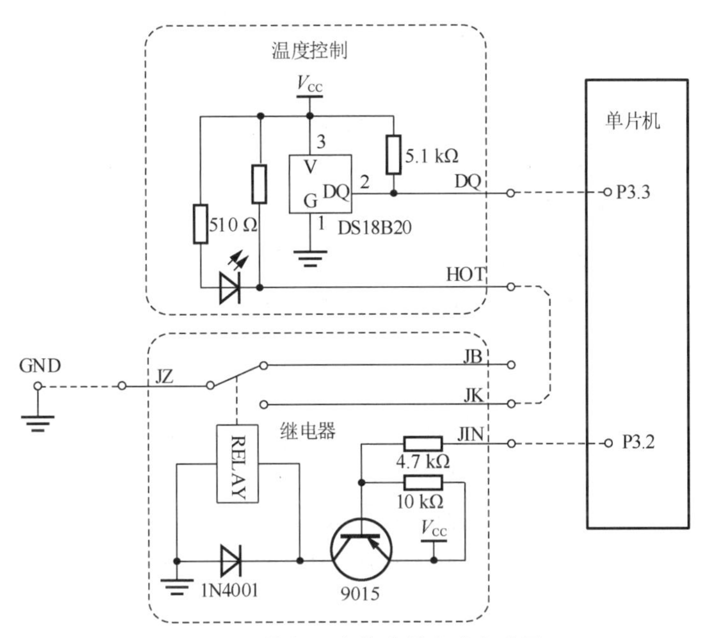

图 3-15　数字温度传感器实验电路图

(3) 参考程序。

① 汇编语言：

```
SETTEMP      EQU    35              ;设定温度值
CS8279C      EQU    0FFF1H
CS8279D      EQU    0FFF0H
LEDBUF       EQU    70H             ;显示缓冲
TEMPER_L     EQU    36H             ;存放读出温度的低位数据
TEMPER_H     EQU    35H             ;存放读出温度的高位数据
TEMPER_SET   EQU    5FH             ;存放设定的温度值
TEMPER_NUM   EQU    60H             ;存放转换后的温度值
FLAG1        BIT    00H
DQ           BIT    P3.3            ;单总线控制端口
HOT          BIT    P3.2            ;温度控制
             ORG    0000H
             MOV    SP,#60H
             CALL   I8279           ;8279 初始化
             MOV    DPTR,#TEMP_TAB
             MOV    A,#SETTEMP      ;取设定温度值
             MOVC   A,@A+DPTR
             MOV    TEMPER_SET,A
             MOV    B,A             ;拆送显示缓冲区
             SWAP   A
```

```
                ANL     A,#0FH
                ANL     B,#0FH
                MOV     LEDBUF+0,A
                MOV     LEDBUF+1,B
                MOV     LEDBUF+2,#10H
                MOV     LEDBUF+3,#10H
                MOV     LEDBUF+4,#10H
                MOV     LEDBUF+5,#10H
                LCALL   DISP                    ;清显示
MLOOP:          LCALL   GET_TEMPER              ;从 DS18B20 读出温度数据
                LCALL   TEMPER_COV              ;转换读出的温度数据并保存
                MOV     A,TEMPER_NUM
                CJNE    A,TEMPER_SET,ML2
ML2:            JNC     ML3
                CLR     HOT                     ;开始加温
                SJMP    MLP
ML3:            SETB    HOT                     ;停止加温
MLP:            MOV     B,A                     ;拆送显示缓冲区
                SWAP    A
                ANL     A,#0FH
                ANL     B,#0FH
                MOV     LEDBUF+4,A
                MOV     LEDBUF+5,B
                LCALL   DISP
                SJMP    MLOOP                   ;完成一次数字温度采集
;读出转换后的温度值
GET_TEMPER:
                SETB    DQ                      ;定时入口
BCD:            LCALL   INIT_1820
                JB      FLAG1,S22
                LJMP    BCD                     ;若 DS18B20 不存在则返回
S22:            LCALL   DISP
                MOV     A,#0CCH                 ;跳过 ROM 匹配
                LCALL   WRITE_1820
                MOV     A,#44H                  ;发出温度转换命令
                LCALL   WRITE_1820
                NOP
```

```
                LCALL   DISP
CBA:            LCALL   INIT_1820
                JB      FLAG1,ABC
                LJMP    CBA
ABC:            LCALL   DISP
                MOV     A,#0CCH          ;跳过 ROM 匹配
                LCALL   WRITE_1820
                MOV     A,#0BEH          ;发出读温度命令
                LCALL   WRITE_1820
                LCALL   READ_18200
                RET
;读 DS18B20 的程序,从 DS18B20 中读出一个字节的数据
READ_1820:
                MOV     R2,#8
RE1:            CLR     C
                SETB    DQ
                NOP
                NOP
                CLR     DQ
                NOP
                NOP
                NOP
                SETB    DQ
                MOV     R3,#3
                DJNZ    R3,$
                MOV     C,DQ
                MOV     R3,#11
                DJNZ    R3,$
                RRC     A
                DJNZ    R2,RE1
                RET
;写 DS18B20 的程序
WRITE_1820:
                MOV     R2,#8
                CLR     C
WR1:            CLR     DQ
                MOV     R3,#3
```

```
            DJNZ    R3,$
            RRC     A
            MOV     DQ,C
            MOV     R3,#11
            DJNZ    R3,$
            SETB    DQ
            NOP
            DJNZ    R2,WR1
            SETB    DQ
            RET
;读 DS18B20 的程序,从 DS18B20 中读出两个字节的温度数据
READ_18200:
            MOV     R4,#2           ;将温度高位和低位从 DS18B20
                                    ;中读出
            MOV     R1,#36H         ;低位存入 36H(TEMPER_L),
                                    ;高位存入 35H(TEMPER_H)
RE00:       MOV     R2,#8
RE01:       CLR     C
            SETB    DQ
            NOP
            NOP
            CLR     DQ
            NOP
            NOP
            NOP
            SETB    DQ
            MOV     R3,#3
            DJNZ    R3,$
            MOV     C,DQ
            MOV     R3,#11
            DJNZ    R3,$
            RRC     A
            DJNZ    R2,RE01
            MOV     @R1,A
            DEC     R1
            DJNZ    R4,RE00
            RET
```

```
;将从DS18B20中读出的温度数据进行转换
TEMPER_COV:
            MOV     A,#0F0H
            ANL     A,TEMPER_L          ;舍去温度低位中小数点后的4位
                                        ;数值
            SWAP    A
            MOV     TEMPER_NUM,A
            MOV     A,TEMPER_L
            JNB     ACC.3,TEMPER_COV1;四舍五入取温度值
            INC     TEMPER_NUM
TEMPER_COV1:
            MOV     A,TEMPER_H
            ANL     A,#07H
            SWAP    A
            ADD     A,TEMPER_NUM
            MOV     TEMPER_NUM,A        ;保存变换后的温度数据
            LCALL   BIN_BCD
            RET
;将十六进制的温度数据转换成压缩BCD码
BIN_BCD:    MOV     DPTR,#TEMP_TAB
            MOV     A,TEMPER_NUM
            MOVC    A,@A+DPTR
            MOV     TEMPER_NUM,A
            RET
TEMP_TAB:
            DB      00H,01H,02H,03H,04H,05H,06H,07H
            DB      08H,09H,10H,11H,12H,13H,14H,15H
            DB      16H,17H,18H,19H,20H,21H,22H,23H
            DB      24H,25H,26H,27H,28H,29H,30H,31H
            DB      32H,33H,34H,35H,36H,37H,38H,39H
            DB      40H,41H,42H,43H,44H,45H,46H,47H
            DB      48H,49H,50H,51H,52H,53H,54H,55H
            DB      56H,57H,58H,59H,60H,61H,62H,63H
            DB      64H,65H,66H,67H,68H,69H,70H,71H
            DB      72H,73H,74H,75H,76H,77H,78H,79H
            DB      80H,81H,82H,83H,84H,85H,86H,87H
            DB      88H,89H,90H,91H,92H,93H,94H,95H
```

```
            DB      96H,97H,98H,99H
;DS18B20 初始化程序
INIT_1820:
            SETB    DQ
            NOP
            CLR     DQ
            MOV     R0,#80H
TSR1:       DJNZ    R0,TSR1             ;延时
            SETB    DQ
            MOV     R0,#25H             ;96 μs
TSR2:       DJNZ    R0,TSR2
            JNB     DQ,TSR3
            LJMP    TSR4                ;延时
TSR3:       SETB    FLAG1               ;置标志位,表示 DS18B20 存在
            LJMP    TSR5
TSR4:       CLR     FLAG1               ;清标志位,表示 DS18B20 不存在
            LJMP    TSR7
TSR5:       MOV     R0,#6BH             ;200 μs
TSR6:       DJNZ    R0,TSR6             ;延时
TSR7:       SETB    DQ
            RET
;重新写 DS18B20 暂存存储器设定值
RE_CONFIG:
            JB      FLAG1,RE_CONFIG1
                                        ;若 DS18B20 存在,转 RE_CONFIG1
            RET
RE_CONFIG1:
            MOV     A,#0CCH             ;发 SKIP ROM 命令
            LCALL   WRITE_1820
            MOV     A,#4EH              ;发写暂存存储器命令
            LCALL   WRITE_1820
            MOV     A,#00H              ;TH(报警上限)中写入 00H
            LCALL   WRITE_1820
            MOV     A,#00H              ;TL(报警下限)中写入 00H
            LCALL   WRITE_1820
            MOV     A,#7FH              ;选择 12 位温度分辨率
            LCALL   WRITE_1820
```

```
            RET
;8279 初始化
I8279：     PUSH    DPL
            PUSH    DPH
            MOV     DPTR,#CS8279C      ;指向命令口
            MOV     A,#00H             ;8个8位显示
            MOVX    @DPTR,A            ;方式字写入
            MOV     A,#32H             ;设分频初值
            MOVX    @DPTR,A            ;分频字写入
            MOV     A,#0DFH            ;定义清显字
            MOVX    @DPTR,A            ;关闭显示器
X90S：      MOVX    A,@DPTR
            JB      ACC.7,X90S         ;检测 8279
            POP     DPH
            POP     DPL
            RET
;显示子程序
DISP：      PUSH    DPL
            PUSH    DPH
            MOV     R2,#85H
            MOV     R0,#LEDBUF
DISP1：     MOV     DPTR,#CS8279C
            MOV     A,R2
            MOVX    @DPTR,A
            MOV     DPTR,#LEDMAP       ;指向字形表首
            MOV     A,@R0              ;取送显数据
            MOVC    A,@A+DPTR          ;索字形代码
            MOV     DPTR,#CS8279D      ;指向字形口
            MOVX    @DPTR,A            ;送当前字形
            DEC     R2
            INC     R0
            CJNE    R0,#LEDBUF+6,DISP1
            POP     DPH
            POP     DPL
            RET
;字形表
LEDMAP：    DB      0CH,9FH,4AH,0BH,99H,29H,28H,8FH
```

```
        DB      08H,09H,88H,38H,6CH,1AH,68H,0E8H,0FFH
        END
```

② C 语言：

```
#include <reg51.h>
#include <intrins.h>
#include <math.h>
#define SETVAL 30                                        //设定温度值
xdata unsigned char CS8279C _at_ 0xFFF1;
xdata unsigned char CS8279D _at_ 0xFFF0;
sbit HOT=P3^2;
sbit DQ=P3^3;
unsigned char LedBuf[6]={21,21,21,21,21,21};             //显示缓冲
code unsigned char LedMap[]=                             //LED 字形代码表
{
    0x0C,0x9F,0x4A,0x0B,0x99,0x29,0x28,0x8F,0x08,0x09,   //0~9
    0x04,0x97,0x42,0x03,0x91,0x21,0x20,0x87,0x00,0x01,   //0.~9.
    0xFB,0xFF                                            //'-',' '
};
//延时函数,对于 11.059 2 MHz 时钟,例如 i=10,约延时 10 ms
void delay(unsigned int t)
{
    for(;t>0;t--);
}
//对 DS18B20 的初始化
unsigned char Reset_DS18B20(void)
{
    unsigned char presence;
    DQ=1;_nop_();_nop_();
    DQ=0;delay(50);                                      //550 μs
    DQ=1;delay(6);                                       //66 μs
    presence=DQ;delay(50);
    if(presence)                                         //为 1 则初始化失败,
                                                         //为 0 则初始化成功
      return 0x00;
    else
      return 0x01;
}
```

```
//读一个字节
unsigned char ReadOneChar(void)
{
    unsigned char i,dat=0;
    for(i=8;i>0;i--)
    {
        dat>>=1;
        DQ=1;_nop_();_nop_();
        DQ=0;_nop_();_nop_();_nop_();_nop_();          //4 μs
        DQ=1;_nop_();_nop_();_nop_();_nop_();          //4 μs
        if(DQ) dat|=0x80;
        delay(6);                                      //66 μs
    }
    DQ=1;_nop_();
    return(dat);
}
//写一个字节
void WriteOneChar(unsigned char dat)
{
    unsigned char i;
    for(i=8;i>0;i--)
    {
        DQ=1;_nop_();_nop_();
        DQ=0;_nop_();_nop_();_nop_();_nop_();_nop_();  //5 μs
        DQ=dat&0x01;                                   //最低位移出
        delay(6);                                      //66 μs
        dat>>=1;
    }
    DQ=1;_nop_();
}
//启动 DS18B20 转换
unsigned int DS1820_start(void)
{
    Reset_DS18B20();
    WriteOneChar(0xCC);                                //忽略地址
    WriteOneChar(0x44);                                //启动转换
}
```

```
//读温度值
unsigned int ReadTemperature(void)
{
    unsigned int i;
    unsigned char buf[9];
    Reset_DS18B20();
    WriteOneChar(0xCC);                                     //跳过读序列号的操作
    WriteOneChar(0xBE);                                     //读取温度寄存器
    for(i=0;i<9;i++)
      buf[i]=ReadOneChar();                                 //读 9 位温度值
    i=buf[1];
    i<<=8;
    i|=buf[0];
    return i;
}
//8279 显示
void disp8279(void)
{
    unsigned char i,j=0x85;
    for(i=0;i<6;i++)
    {
        CS8279C=j--;
        CS8279D=LedMap[LedBuf[i]];
    }
}
void main(void)
{
    float temp;
    int value;
    //初始化 8279
    CS8279C=0x00;                                           //8 个 8 位显示
    CS8279C=0x32;                                           //设分频初值
    CS8279C=0xDF;                                           //清显示
    while(!(CS8279C&0x80));                                 //等待 8279 就绪
    LedBuf[0]=21;                                           //第 1 位不显示
    HOT=1;                                                  //初始时不加热
    while(1)
```

```
    {
        DS1820_start();                                      //启动转换
        delay(80);
        temp=ReadTemperature() * 0.0625;                     //读温度值
        if(temp<0)
          LedBuf[1]=20;                                      //第2位显示负号
        else
          LedBuf[1]=21;                                      //第2位不显示
        value=temp*100+(value>0? 0.5:-0.5);                  //大于0则加0.5,小于
                                                             //0则减0.5
        value=abs(value);
        //设置值
        LedBuf[0]=(SETVAL%100)/10;
        LedBuf[1]=SETVAL%10;
        //实测值
        LedBuf[4]=(value%10000)/1000;
        LedBuf[5]=((value%1000)/100);
        if(value/100<SETVAL) HOT=0;                          //开始加热
        else HOT=1;                                          //停止加热
        disp8279();
    }
}
```

实验10 步进电机控制实验

3.10.1 实验目的

了解步进电机控制的基本原理,掌握步进电机转动编程方法。

3.10.2 实验设备

PC一台,Dais-52 PRO+实验系统一套。

3.10.3 实验内容及步骤

(1) 实验原理。

步进电机驱动原理是通过对步进电机每组线圈中的电流的顺序切换来使电机做步进式旋转,驱动电路由脉冲信号控制,所以调节脉冲信号的频率便可改变步进电机的转速。

利用单片机的P1.0～P1.3输出脉冲信号,驱动步进电机转动。

实验电路图如图3-16所示。

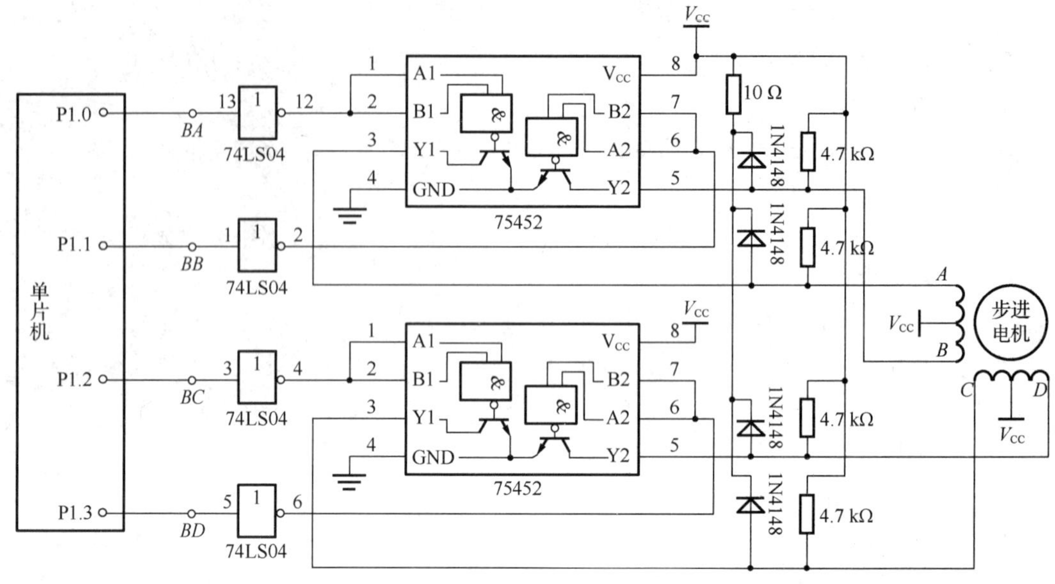

图 3-16　步进电机控制实验电路图

(2) 实验步骤。

① 将 I/O 区的 P1. 0～P1. 3 分别连到电机区的 *BA*,*BB*,*BC*,*BD*,如图 3-16 所示。

② 编写实验程序,经编译、连接无语法错误后装载到实验系统。

③ 全速运行程序,观察步进电机的转动情况。

④ 实验完毕后,应使用暂停命令中止程序的运行。

(3) 参考程序。

① 汇编语言:

```
        ORG     0000H
        MOV     A,#11001100B
START:  MOV     P1,A
        RR      A
        CALL    DELAY
        SJMP    START
DELAY:  MOV     R6,#8
DLP:    MOV     R7,#0
        DJNZ    R7,$
        DJNZ    R6,DLP
        RET
        END
```

② C 语言:

```
#include <reg51. h>
#include <intrins. h>
```

```
//延时程序
void delay(unsigned int count)
{
    unsigned char i;
    while(count--!=0)
      for(i=0;i<120;i++);
}
void main()
{
    unsigned char i=0xCC;
    while(1)
    {
        P1=i;
        i=_cror_(i,1);
        delay(5);
    }
}
```

实验11 直流电机控制实验

3.11.1 实验目的

学习直流电机的驱动原理,掌握使用D/A转换器对直流电机进行控制的方法。

3.11.2 实验设备

PC一台,Dais-52 PRO+实验系统一套。

3.11.3 实验内容及步骤

(1) 实验原理。

改变D/A转换器的输出,经放大后控制直流电机的转速、转向。

实验电路图如图3-17所示。

(2) 实验步骤。

① 将I/O区的P1.0~P1.3分别连到电机区的*BA*,*BB*,*BC*,*BD*。

② 编写实验程序,经编译、连接无语法错误后装载到实验系统。

③ 全速运行程序,观察直流电机的转动情况。

④ 实验完毕后,应使用暂停命令中止程序的运行。

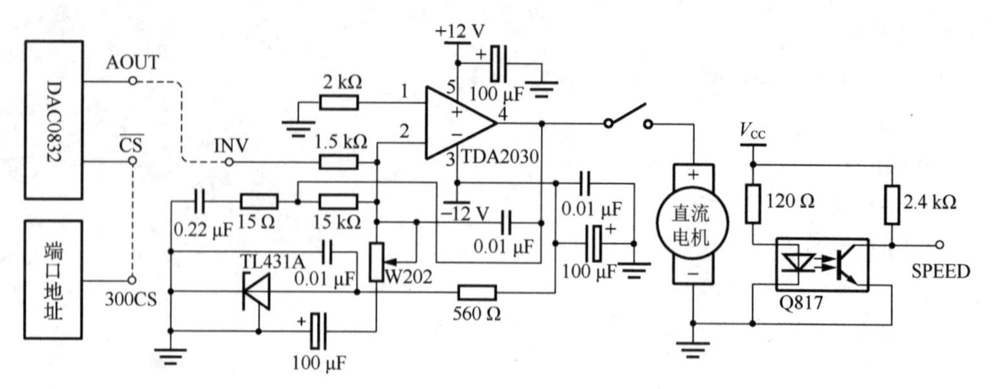

图 3-17　直流电机控制实验电路图

(3) 参考程序。

① 汇编语言：

```
        ORG     0000H
        MOV     A,#11001100B
START:  MOV     P1,A
        RR      A
        CALL    DELAY
        SJMP    START
DELAY:  MOV     R6,#8
DLP:    MOV     R7,#0
        DJNZ    R7,$
        DJNZ    R6,DLP
        RET
        END
```

② C 语言：

```
#include <reg51.h>
#include <intrins.h>
//延时程序
void delay(unsigned int count)
{
    unsigned char i;
    while(count--!=0)
      for(i=0;i<120;i++);
}
void main()
{
    unsigned char i=0xCC;
```

```
    while(1)
    {
        P1=i;
        i=_cror_(i,1);
        delay(5);
    }
}
```

实验12 音频驱动实验

3.12.1 实验目的

学习用单片机的定时/计数器输出信号使蜂鸣器发声的方法。

3.12.2 实验设备

PC一台,Dais-52 PRO+实验系统一套。

3.12.3 实验内容及步骤

(1) 实验原理。

编写程序,控制P1.7端口,使其输出连接到蜂鸣器上能发出相应的乐曲。

实验电路图如图3-18所示。

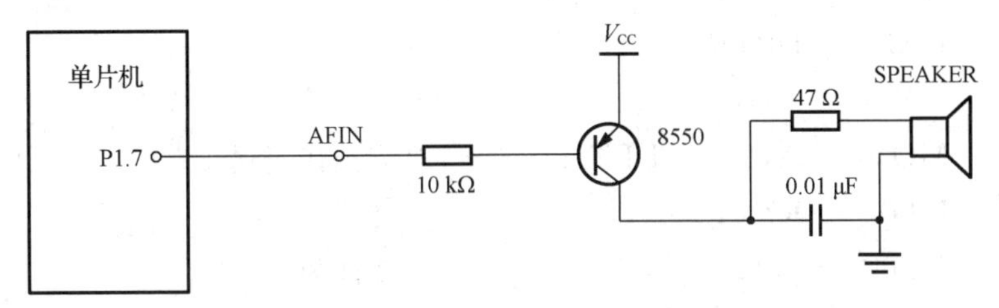

图3-18 音频驱动实验电路图

(2) 实验步骤。

① 将I/O区的P1.7与蜂鸣器区的AFIN按图3-18进行连接。

② 编写实验程序,经编译、连接无语法错误后装载到实验系统。

③ 全速运行程序,蜂鸣器开始演奏音乐。

④ 实验完毕后,应使用暂停命令中止程序的运行。

(3) 参考程序。

① 汇编语言:

```
        ORG     0000H
        LJMP    START
        ORG     000BH
```

```
        INC     20H              ;中断服务,中断计数器加 1
        MOV     TH0,#0D8H
        MOV     TL0,#0F0H        ;12 MHz 晶振,形成 10 ms 中断
        RETI
START:  MOV     SP,#50H
        MOV     TH0,#0D8H
        MOV     TL0,#0EFH
        MOV     TMOD,#01H
        MOV     IE,#82H
MUSIC0: NOP
        MOV     DPTR,#SDATA      ;表格地址送 DPTR
        MOV     20H,#00H         ;中断计数器清 0
        MOV     B,#00H           ;表序号清 0
MUSIC1: NOP
        CLR     A
        MOVC    A,@A+DPTR        ;查表取代码
        JZ      END0             ;是 00H,则结束
        CJNE    A,#0FFH,MUSIC5
        LJMP    MUSIC3
MUSIC5: NOP
        MOV     R6,A
        INC     DPTR
        MVO     A,B
        MOVC    A,@A+DPTR        ;取节拍代码送 R7
        MOV     R7,A
        SETB    TR0              ;启动计数
MUSIC2: NOP
        CPL     P1.7
        MOV     A,R6
        MOV     R3,A
        LCALL   DELAY
        MOV     A,R7
        CJNE    A,20H,MUSIC2     ;判断是否中断计数器(20H)=R7
                                 ;不等,则继续循环
        MOV     20H,#00H         ;等于,则取下一代码
        INC     DPTR
        LJMP    MUSIC1
```

```
MUSIC3： NOP
         CLR     TR0              ;延时 100 ms
         MOV     R2,#0DH
MUSIC4： NOP
         MOV     R3,#0FFH
         LCALL   DELAY
         DJNZ    R2,MUSIC6
         INC     DPTR
         LJMP    MUSIC1
END0：   NOP
         MOV     R2,#64H          ;歌曲结束,延时 1 s 后继续
MUSIC6： MOV     R3,#00H
         LCALL   DELAY
         DJNZ    R2,MUSIC6
         LJMP    MUSIC0
DELAY：  NOP
DEL3：   MOV     R4,#02H
DEL4：   NOP
         DJNZ    R4,DEL4
         NOP
         DJNZ    R3,DEL3
         RET
SDATA：  DB      18H,30H,1CH,10H,20H,40H,1CH,10H,18H,10H,20H,10H,
                 1CH,10H,18H,40H
         DB      1CH,20H,20H,20H,1CH,20H,18H,20H,20H,80H,0FFH,20H,
                 30H,1CH,10H,18H
         DB      20H,15H,20H,1CH,20H,20H,20H,26H,40H,20H,20H,2BH,
                 20H,26H,20H,20H
         DB      20H,30H,80H,0FFH,20H,20H,1CH,10H,18H,10H,20H,20H,
                 26H,20H,2BH,20H
         DB      30H,20H,2BH,40H,20H,20H,1CH,10H,18H,10H,20H,20H,
                 26H,20H,2BH,20H
         DB      30H,20H,2BH,40H,20H,30H,1CH,10H,18H,20H,15H,20H,
                 1CH,20H,20H,20H
         DB      26H,40H,20H,20H,2BH,20H,26H,20H,20H,20H,30H,80H,
                 20H,30H,1CH,10H
         DB      20H,10H,1CH,10H,20H,20H,26H,20H,2BH,20H,30H,20H,
```

```
            2BH,40H,20H,15H
    DB      1FH,05H,20H,10H,1CH,10H,20H,20H,26H,20H,2BH,20H,
            30H,20H,2BH,40H
    DB      20H,30H,1CH,10H,18H,20H,15H,20H,1CH,20H,20H,20H,
            26H,40H,20H,20H
    DB      2BH,20H,26H,20H,20H,20H,30H,30H,20H,30H,1CH,10H,
            18H,40H,1CH,20H
    DB      20H,20H,26H,40H,13H,60H,18H,20H,15H,40H,13H,40H,
            18H,80H,00H
    END
```

② C语言：

```
#include <reg52.h>
#include <intrins.h>
sbit Beep=P1^7;
unsigned char n=0;                    //n 为节拍常数变量
unsigned char code music_tab[]=
{
    //格式为:频率常数,节拍常数,频率常数,节拍常数
    0x18,0x30,0x1C,0x10,0x20,0x40,0x1C,0x10,
    0x18,0x10,0x20,0x10,0x1C,0x10,0x18,0x40,
    0x1C,0x20,0x20,0x20,0x1C,0x20,0x18,0x20,
    0x20,0x80,0xFF,0x20,0x30,0x1C,0x10,0x18,
    0x20,0x15,0x20,0x1C,0x20,0x20,0x20,0x26,
    0x40,0x20,0x20,0x2B,0x20,0x26,0x20,0x20,
    0x20,0x30,0x80,0xFF,0x20,0x20,0x1C,0x10,
    0x18,0x10,0x20,0x20,0x26,0x20,0x2B,0x20,
    0x30,0x20,0x2B,0x40,0x20,0x20,0x1C,0x10,
    0x18,0x10,0x20,0x20,0x26,0x20,0x2B,0x20,
    0x30,0x20,0x2B,0x40,0x20,0x30,0x1C,0x10,
    0x18,0x20,0x15,0x20,0x1C,0x20,0x20,0x20,
    0x26,0x40,0x20,0x20,0x2B,0x20,0x26,0x20,
    0x20,0x20,0x30,0x80,0x20,0x30,0x1C,0x10,
    0x20,0x10,0x1C,0x10,0x20,0x20,0x26,0x20,
    0x2B,0x20,0x30,0x20,0x2B,0x40,0x20,0x15,
    0x1F,0x05,0x20,0x10,0x1C,0x10,0x20,0x20,
    0x26,0x20,0x2B,0x20,0x30,0x20,0x2B,0x40,
    0x20,0x30,0x1C,0x10,0x18,0x20,0x15,0x20,
```

```
    0x1C,0x20,0x20,0x20,0x26,0x40,0x20,0x20,
    0x2B,0x20,0x26,0x20,0x20,0x20,0x30,0x30,
    0x20,0x30,0x1C,0x10,0x18,0x40,0x1C,0x20,
    0x20,0x20,0x26,0x40,0x13,0x60,0x18,0x20,
    0x15,0x40,0x13,0x40,0x18,0x80,0x00
};
void delay(unsigned char m)            //控制频率延时
{
    unsigned i=3*m;
    while(--i);
}
void delayms(unsigned char a)          //毫秒延时子程序
{
    while(--a);
}
void main()
{
    unsigned char p,m;                 //m 为频率常数变量
    unsigned char i=0;
    TMOD&=0x0F;
    TMOD|=0x01;
    TH0=0xD8;
    TL0=0xEF;
    IE=0x82;
play:
   while(1)
   {
       a:p=music_tab[i];
       if(p==0x00)
       {
           i=0,delayms(1000);
           goto play;
       }
       else if(p==0xFF)
       {
           i++;
           delayms(100),TR0=0;
```

```
                goto a;
            }
            else
            {
                m=music_tab[i++];
                n=music_tab[i++];
            }
            TR0=1;                          //开定时器0
            while(n!=0)
            {
                Beep=~Beep;
                delay(m);
            }
            TR0=0;                          //关定时器0
        }
    }
    void int0() interrupt 1                 //采用中断定时器0控制节拍
    {
        TH0=0xD8;
        TL0=0xEF;
        n--;
    }
```